"十二五"职业教育国家规划教材

经全国职业教育教材审定委员会审定

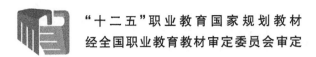

UGNX 产品建模项目实践

主　编　吴立军　勾东海　邓宇峰

副主编　徐　兵　刘立东　刘华刚

ZHEJIANG UNIVERSITY PRESS

浙江大学出版社

图书在版编目（CIP）数据

UGNX 产品建模项目实践 / 吴立军等主编. —杭州：
浙江大学出版社，2015.1（2025.3 重印）
ISBN 978-7-308-13589-4

Ⅰ. ①U… Ⅱ. ①吴… Ⅲ. ①工业产品－计算机辅助
设计－应用软件－教材 Ⅳ. ①TB472-39

中国版本图书馆 CIP 数据核字（2014）第 167103 号

内容简介

本书以 UGNX8 为蓝本，详细介绍基于 UGNX 进行产品建模的基础知识、操作方法、应用技巧与思路。全书共 14 章，由 13 个项目组成，项目案例由简单到复杂，难度逐步提高，每个项目都由思路分解、知识链接、实施过程和总结四部分组成。除项目案例外，本书还附有大量的功能实例，每个实例均有详细的操作步骤。

针对教学的需要，本书由浙大旭日科技配套提供全新的立体教学资源库（立体词典），内容更丰富、形式更多样，并可灵活、自由地组合和修改。同时，还配套提供教学软件和自动组卷系统，使教学效率显著提高。

本书是"十二五"职业教育国家规划教材，适合用作为应用型本科、高等职业院校计算机辅助设计等课程的教材，还可作为各类技能培训的教材，也可供相关工程技术人员的培训自学教材。

UGNX 产品建模项目实践

主　编　吴立军　勾东海　邓宇峰
副主编　徐　兵　刘立东　刘华刚

责任编辑	王　波
封面设计	刘依群
出版发行	浙江大学出版社
	（杭州市天目山路 148 号　邮政编码 310007）
	（网址：http://www.zjupress.com）
排　版	杭州好友排版工作室
印　刷	广东虎彩云印刷有限公司绍兴分公司
开　本	787mm×1092mm　1/16
印　张	20.5
字　数	500 千
版 印 次	2015 年 1 月第 1 版　2025 年 3 月第 6 次印刷
书　号	ISBN 978-7-308-13589-4
定　价	58.00 元

《机械精品课程系列教材》
编审委员会

前　言

产品建模是 CAD/CAM 技术中最基本和最常用的部分，它不仅是构成 CAD 的核心内容，而且是实施各种 CAD/CAM/CAE 技术（如 NC 编程、FEM 计算、模具分析等）的必要前提。

UG NX 软件是德国西门子公司推出的一套集 CAD/CAM/CAE 于一体的软件集成系统，是当今世界上最先进的计算机辅助设计、分析和制造的软件之一，广泛应用于航空、航天、汽车、通用机械和电子等工业领域。

本书作者从事 CAD/CAM/CAE 教学和研究多年，具有丰富的 UG NX 使用经验和教学经验；在编写本书的同时借鉴了杭州浙大旭日科技开发有限公司多位资深造型工程师的经验，对本书内容进行了仔细认真的构思。本书主要由 13 个项目组成，项目案例由简单到复杂，难度逐步提高，每个案例都由思路分解、知识链接、实施过程和总结组成，思路分解是学习本书的灵魂部分，每个案例都有其独特的制作思路和制作方法，而产品建模的精华就在于通过产品的外观和特征对产品能够准确的进行庖丁解牛，做到建模前胸中有丘壑的境界。知识链接部分着重对重要命令的复习，使学习者在使用命令的同时学到该命令更多的拓展知识。实施过程主要记录了产品建模的大概过程、建模思路、实战经验。本书还配有大量的精心制作的视频，以呈现制作过程和建模思路。真正做到"基础知识、操作技能、应用思路和实战经验"四位一体有机组成。

此外，我们发现，无论是用于自学还是用于教学，现有教材所配套的教学资源库都远远无法满足用户的需求。主要表现在：1）一般仅在随书光盘中附以少量的视频演示、练习素材、PPT 文档等，内容少且资源结构不完整。2）难以灵活组合和修改，不能适应个性化的教学需求，灵活性和通用性较差。为此，本书特别配套开发了一种全新的教学资源：立体词典。所谓"立体"，是指资源结构的多样性和完整性，包括视频、电子教材、印刷教材、PPT、练习、试题库、教学辅助软件、自动组卷系统、教学计划等等。所谓"词典"，是指资源组织方式。即把一个个知识点、软件功能、实例等作为独立的教学单元，就像词典中的单词。并围绕教学单元制作、组织和管理教学资源，可灵活组合出各种个性化的教学套餐，从而适应各种不同的教学需求。实践证明，立体词典可大幅度提升教学效率和效果，是广大教师和学生的得力助手。

本书是"十二五"职业教育国家规划教材，适合用作为应用型本科、高等职业院校计算机辅助设计等课程的教材，还可作为各类技能培训的教材，也可供相关工程技术人员的培训自学教材。

本书由吴立军（浙江科技学院，第 1、13、14 章）、勾东海（天津劳动保护学校，第 2、12 章）、邓宇峰（江苏信息职业技术学院，第 3、7、8 章）、徐兵（台州科技职业技术学院，第 4、9 章）、刘立东（天津信息工程学校，第 5、10 章）、刘华刚（北京电子科技职业学院，第 6、11 章）

等编写,杭州浙大旭日科技开发有限公司卢骏、李加文、潘常春等工程师负责校对审核。限于编写时间和编者的水平,书中必然会存在需要进一步改进和提高的地方。我们十分期望读者及专业人士提出宝贵意见与建议,以便今后不断加以完善。请通过以下方式与我们交流:

- 网站:http://www.51cax.com
- E-mail:service@51cax.com,book@51cax.com
- 致电:0571－28811226,28852522

杭州浙大旭日科技开发有限公司为本书配套提供立体教学资源库、教学软件及相关协助,在此表示衷心的感谢。

最后,感谢浙江大学出版社为本书的出版所提供的机遇和帮助。

作　者
2014 年 12 月

目　　录

第 1 章 概 述

1.1 设计的飞跃——从二维到三维

目前我们能够看到的几乎所有印刷资料,包括各种图书、图片、图纸,都是二维的。而现实世界是一个三维的世界,任何物体都具有三个维度,要完整地表述现实世界的物体,需要用 X、Y、Z 三个量来度量。所以这些二维资料只能反映三维世界的部分信息,必须通过抽象思维才能在人脑中形成三维映像。

由于单个平面图形不能完全反映产品的三维信息,人们就约定一些制图规则,如将三维产品向不同方向投影、剖切等,形成若干由二维视图组成的图纸,从而表达完整的产品信息,如图 1-1 所示。图中是用四个视图来表达产品的。根据这些视图以及既定的制图规则,借助人类的抽象思维,就可以在人脑中重构物体的三维空间几何结构。因此,不掌握工程制图规则,就无法制图、读图,也就无法进行产品的设计、制造,从而无法与其他技术人员沟通。

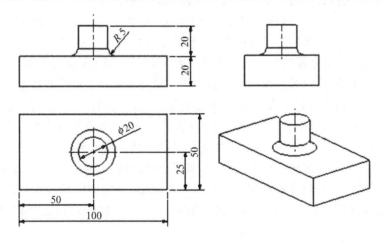

图 1-1

那么,有没有办法可以直接反映人脑中的三维的、具有真实感的物体,而不用经历三维投影到二维、二维再抽象到三维的过程呢?答案是肯定的,这就是三维造型技术,它可以直接建立产品的三维模型,如图 1-2 所示。

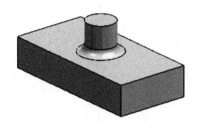

三维造型技术直接将人脑中设计的产品通过三维模型来表现,无须借助二维图纸、制图规范、人脑抽象就可获得产品的三维空间结构,因此直观、有效、无二义性。

图 1-2

三维模型还可直接用于工程分析,尽早发现设计的不合理之处,大大提高设计效率和可靠性。

正是三维造型技术的实用化,推动了 CAD、CAM、CAE 的蓬勃发展,使得数字化设计、分析、虚拟制造成为现实,极大地缩短了产品设计制造周期。

毫无疑问,三维造型必将取代二维图纸,成为现代产品设计与制造的必备工具;三维造型技术必将成为工程人员必备的基本技能,替代机械制图课程,成为高校理工科类学生的必修课程。

1.2　什么是三维造型

什么是三维造型呢?

设想这样一个画面:父亲在炉火前拥着孩子,左一刀、右一刀地切削一块木块;在孩子出神的眼中,木块逐渐成为一把精致的木手枪或者弹弓。木手枪或弹弓形成的过程,就是直观的三维造型过程。人脑中的物体形貌在真实空间再现出来的过程,就是三维造型的过程。

本书所说的"三维造型",是指在计算机上建立完整的产品三维数字几何模型的过程,与广义的三维造型概念有所不同。

计算机中通过三维造型建立的三维数字形体,称为三维数字模型,简称三维模型。在三维模型的基础上,人们可以进行后续的许多工作,如 CAD、CAM、CAE 等。

虽然三维模型显示在二维的平面显示器上,与真实世界中可以触摸的三维物体有所不同,但是这个模型具有完整的三维几何信息,还可以有材料、颜色、纹理等其他非几何信息。人们可以通过旋转模型来模拟现实世界中观察物体的不同视角,通过放大/缩小模型,来模拟现实中观察物体的距离远近,仿佛物体就位于自己眼前一样。除了不可触摸,三维数字模型与现实世界中的物体没有什么不同,只不过它们是虚拟的物体。

本书以世界著名的 CAx 软件——UG NX 为例,介绍三维造型技术的基本原理、造型的基本思路和方法。三维造型系统的主要功能是提供三维造型的环境和工具,帮助人们实现物体的三维数字模型,即用计算机来表示、控制、分析和输出三维形体,实现形体表示上的几何完整性,使所设计的对象生成真实感图形和动态图形,并能够进行物性(面积、体积、惯性矩、强度、刚度、振动等)计算、颜色和纹理仿真以及切削与装配过程的模拟等。具体功能包括:

- 形体输入:在计算机上构造三维形体的过程。
- 形体控制:如对形体进行平移、缩放、旋转等变换。

- 信息查询：如查询形体的几何参数、物理参数等。
- 形体分析：如容差分析、物质特性分析、干涉量的检测等。
- 形体修改：对形体的局部或整体进行修改。
- 显示输出：如消除形体的隐藏线、隐藏面，显示、改变形体明暗度、颜色等。
- 数据管理：三维图形数据的存储和管理。

1.3 三维造型——CAx 技术的基础

CAx 技术包括 CAD(Computer Aided Design，计算机辅助设计)、CAM(Computer Aided Manufacturing，计算机辅助制造)、CAPP(Computer Aided Process Planning，计算机辅助工艺规划)、CAE(Computer Aided Engineering，计算机辅助工程分析)等计算机辅助技术；其中，CAD 技术是实现 CAM、CAPP、CAE 等技术的先决条件，而 CAD 技术的核心和基础是三维造型技术。

以模制产品的开发流程为例，来考察 CAx 技术的应用背景以及三维造型技术在其中的地位。通常，模制产品的开发分为四个阶段，如图 1-3 所示。

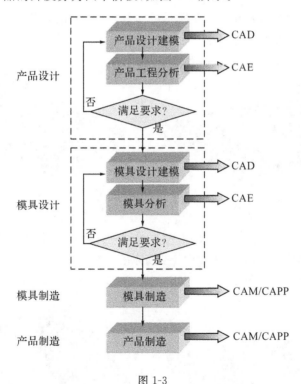

图 1-3

1. 产品设计阶段

首先建立产品的三维模型。建模的过程实际就是产品设计的过程，这个过程属于 CAD 领域。设计与分析是一个交互过程，设计好的产品需要进行工程分析(CAE)，如强度分析、刚度分析、机构运动分析、热力学分析等，分析结果再反馈到设计阶段(CAD)，根据需要修改结构,修改后继续进行分析,直到满足设计要求为止。

2. 模具设计阶段

根据产品模型,设计相应的模具,如凸模、凹模以及其他附属结构,建立模具的三维模型。这个过程也属于 CAD 领域。设计完成的模具,同样需要经过 CAE 分析,分析结果用于检验、指导和修正设计阶段的工作。例如对于塑料制品,注射成型分析可预测产品成型的各种缺陷(如熔接痕、缩痕、变形等),从而优化产品设计和模具设计,避免因设计问题造成的模具返修甚至报废。模具的设计分析过程类似于产品的设计分析过程,直到满足模具设计要求后,才能最后确定模具的三维模型。

3. 模具制造阶段

由于模具是用来制造产品的模版,其质量直接决定了最终产品的质量,所以通常采用数控加工方式,这个过程属于 CAM 领域。制造过程不可避免地与工艺有关,需要借助 CAPP 领域的技术。

4. 产品制造阶段

此阶段根据设计好的模具批量生产产品,可能会用到 CAM/CAPP 领域的技术。

可以看出,模制品设计制造过程中,贯穿了 CAD、CAM、CAE、CAPP 等 CAx 技术;而这些技术都必须以三维造型为基础。

例如要设计生产如图 1-4 和图 1-5 所示的产品,必须首先建立其三维模型。没有三维造型技术的支持,CAD 技术无从谈起。

图 1-4   图 1-5

产品和模具的 CAE,不论分析前的模型网格划分,还是分析后的结果显示,也都必须借助三维造型技术才能完成,如图 1-6 和图 1-7 所示。

图 1-6   图 1-7

对于 CAM,同样需要在模具三维模型的基础上,进行数控(Numerical Control,NC)编程与仿真加工。图 1-8 显示了模具加工的数控刀路,即加工模具时,刀具所走的路线。刀具按照这样的路线进行加工,去除材料余量,加工结果就是模具。图 1-9 显示了模具的加工刀轨和加工仿真的情况。可以看出,CAM 同样以三维模型为基础,没有三维造型技术,虚拟制造和加工是不可想象的。

图 1-8   图 1-9

上述模制产品的设计制造过程充分表明,三维造型技术是 CAD、CAE、CAM 等 CAx 技术的核心和基础,没有三维造型技术,CAx 技术将无从谈起。

1.4   UG NX 软件介绍

UG NX 软件是美国 EDS 公司(现已经被西门子公司收购)的一套集 CAD/CAM/CAE/PDM/ PLM 于一体的软件集成系统。CAD 功能使工程设计及制图完全自动化;CAM 功能为现代机床提供了 NC 编程,用来描述所完成的部件;CAE 功能提供了产品、装配和部件性能模拟能力;PDM/PLM 帮助管理产品数据和整个生命周期中的设计重用。

运用其功能强大的复合式建模工具,设计者可根据工作的需求选择最适合的建模方式;运用其关联性的单一数据库,使大量零件的处理更加稳定。除此之外,它的装配功能、制图功能、数控加工功能及其与 PDM 之间的紧密结合,使得 UG NX 软件在工业界成为一套无可匹敌的高端 PDM/CAD/CAM/CAE 系统。

UG NX 软件是一个全三维的双精度系统,该系统可以精确地描述任何几何形状。通过组合这些形状,可以设计、分析并生成产品的图纸。一旦设计完成,加工应用模块就允许选择该几何体作为加工对象,设置诸如刀具直径的加工信息,自动生成刀路轨迹,经过后处理的 NC 程序可以驱动 NC 机床进行加工。

1. UG NX 软件的技术特点

UG NX 不仅具有强大的实体造型、曲面造型、虚拟装配和产生工程图的设计功能,而且在设计过程中可以进行机构运动分析、动力学分析和仿真模拟,提高了设计的精确度和可靠性。同时,使用生成的三维模型可直接生成数控代码,用于产品的加工,其处理程序支持多种类型的数控机床。另外,它所提供的二次开发语言 UG/OPEN GRIP UG/OPENAPI 简单易学,实现功能多,便于用户开发专用的 CAD 系统。具体来说,该软件具有如下特点。

（1）具有统一的数据库，真正实现了 CAD/CAE/CAM 各模块之间数据交换的无缝接合，可实施并行工程。

（2）采用复合建模技术，可将实体建模、曲面建模、线框建模、显示几何建模与参数化建模融为一体。

（3）基于特征（如孔、凸台、型腔、沟槽、倒角等）的建模和编辑方法作为实体造型的基础，形象直观，类似于工程师传统的设计方法，并能用参数驱动。

（4）曲线设计采用非均匀有理 B 样线条作为基础，可用多样方法生成复杂的曲面，特别适合于汽车、飞机、船舶、汽轮机叶片等外形复杂的曲面设计。

（5）出图功能强，可以十分方便地从三维实体模型直接生成二维工程图；能按 ISO 标准标注名义尺寸、尺寸公差、形位公差汉字说明等，并能直接对实体进行局部剖、旋转剖、阶梯剖和轴测图挖切等，生成各种剖视图，增强了绘图功能的实用性。

（6）以 Parasolid 为实体建模核心，实体造型功能处于领先地位。目前著名的 CAD/CAE/ CAM 软件均以此作为实体造型的基础。

（7）提供了界面良好的二次开发工具 GRIP（Graphical Interactive Programing）和 UFUNC（User Function），使 UG NX 的图形功能与高级语言的计算机功能紧密结合起来。

（8）具有良好的用户界面，绝大多数功能都可以通过图标实现，进行对象操作时，具有自动推理功能，同时在每个步骤中，都有相应的信息提示，便于用户做出正确的选择。

2. 如何学好 UG NX 软件产品造型

UG NX 的模块很多，功能也十分强大，因此要学好 UG 的所有功能模块不太现实也没有必要，用户只要掌握、精通其中几个重要模块就可以了。三维造型模块就是其中最基础，也是最重要的模块之一，包括曲线、曲面、草图、实体建模、装配、工程图等许多非常重要的子模块，它是进行产品造型、模具设计的主要手段，更是以后进行 CAE 分析和 CAM 制造，形成最终产品实物的根本依据。

产品造型又称为三维设计，其目的就是将现实中的三维物体在计算机中描述出来，其结果可以称为虚拟机。它包含了物体所具有的所有物理属性，能对其进行运动、动力分析、有限元分析和其他分析等。

学好产品造型技术，首先要掌握产品造型的基础知识、基本原理、造型思路与基本技巧，其次要学会熟练使用至少一个产品造型软件，包括各种造型功能的使用原理、应用方法和操作方法。

基础知识、基本原理与造型思路是产品造型技术学习的重点，它是评价一个 CAD 工程师产品造型水平的主要依据。目前常用 CAD 软件的基本功能大同小异，因此对于一般产品的产品造型，只要掌握了正确的造型方法、思路和技巧，采用何种 CAD 软件并不重要。掌握了产品造型的基本原理与正确思路，就如同学会了"渔"而不仅仅是得到一条"鱼"。

在学习产品造型软件的使用时，也应避免只重视学习功能操作方法，而应着重理解软件功能的整体组成结构、功能原理和应用背景，纲举而目张，这样才能真正掌握并灵活使用软件的各种功能。

同其他知识和技能的学习一样，掌握正确的学习方法对提高产品造型技术的学习效率和质量有着十分重要的作用。那么，什么学习方法是正确的呢？下面给出几点建议。

（1）集中精力打歼灭战，在较短的时间内集中完成一个学习目标，并及时加以应用，避免马拉松式的学习。

（2）正确把握学习重点。包括两方面含义：一是将基本原理、思路和应用技巧作为学习的重点；二是在学习软件造型功能时也应注重原理。对于一个高水平的 CAD 工程师而言，产品的造型过程实际上首先是在头脑中完成的，其后的工作只是借助某种 CAD 软件将这一过程表现出来。

（3）有选择地学习。CAD 软件功能相当丰富，学习时切忌面面俱到，应首先学习最基本、最常用的造型功能，尽快达到初步应用水平，然后再通过实践及后续的学习加以提高。

（4）对软件造型功能进行合理的分类。这样不仅可提高记忆效率，而且有助于从整体上把握软件功能的应用。

（5）从一开始就注重培养规范的操作习惯，在操作学习中始终使用效率最高的操作方式。同时，应培养严谨、细致的工作作风，这一点往往比单纯学习技术更为重要。

（6）将平时所遇到的问题、失误和学习要点记录下来，这种积累的过程就是水平不断提高的过程。

最后，学习产品造型技术和学习其他技术一样，要做到"在战略上藐视敌人，在战术上重视敌人"，既要对完成学习目标树立坚定的信心，又要脚踏实地地对待每一个学习环节。

第2章 心形零件草图建模

- 熟练使用 NX 软件的草图命令。
- 掌握草图建模的基本思路。
- 熟练完成心形零件的草图建模。

配套资源

- 参见光盘 02\ShiTi02-finish.prt。
- 参见光盘 02\ShiTi02.jpg。

难度系数

- ★☆☆☆☆

2.1 思路分解

2.1.1 案例说明

本案例根据图纸 ShiTi02.jpg 所示完成心形零件建模,如图 2-1 所示:

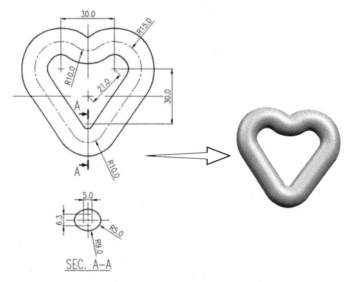

图 2-1 建模示意图

2.1.2　零件建模思路

通过观察图纸,心形零件可以由【扫掠】命令直接生成,因此心形零件建模主要是建构心形引导线和环形截面曲线。注意引导线和截面曲线都呈对称特性,所以制作草图时学会使用镜像命令可以简化制作步骤。同时草图约束也是本案例学习的重点。具体如图 2-2 所示:

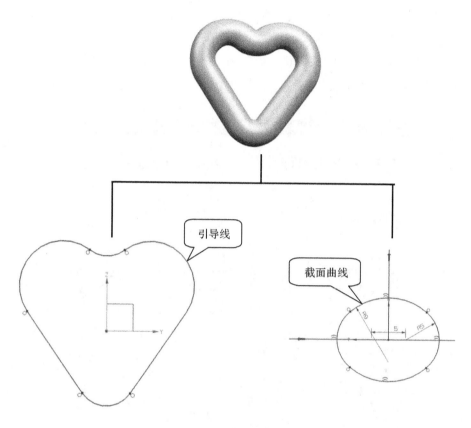

图 2-2　建模流程示意

2.2　知识链接

2.2.1　常用命令

本案例中使用到的 NX 命令参考,如表 2-1 所示。

表 2-1　常用命令

类别	命令名称
应用到命令	【草图】、【扫掠】

2.2.2 重点命令复习

1. 草图

草图是 UG NX 软件中建立参数化模型的一个重要工具。草图与曲线功能相似,也是一个用来构建二维曲线轮廓的工具,其最大的特点是绘制二维图时只需先绘制出一个大致的轮廓,然后通过约束条件来精确定义图形。当约束条件改变时,轮廓曲线也自动发生改变,因而使用草图功能可以快捷、完整地表达设计者的意图。绘制草图的一般步骤如下:

➢ 新建或打开部件文件;在进入草图任务环境之前,必须先新建草图或打开已有的草图。单击【直接草图】工具条上的【草图】命令,命令图标 ![icon],弹出【创建草图】对话框。对话框中包含两种创建草图的类型:在平面上和在轨迹上。如图 2-3 所示

图 2-3 草图的两种创建方法

➢ 检查和修改草图参数预设置:草图参数预设置是指在绘制草图之前,设置一些操作规定。这些规定可以根据用户自己的要求而个性化设置,但是建议这些设置能体现一定的意义,如草图首选项如图 2-4 所示。

➢ 创建和编辑草图对象:草图对象是指草图中的曲线和点。建立草图工作平面后,就可以直接绘制草图对象或者将图形窗口中的点、曲线、实体或片体上的边缘线等几何对象添加到草图中,如图 2-5 所示。

➢ 定义约束:约束限制草图的形状和大小,包括几何约束(限制形状)和尺寸约束(限制大小)。调用了【约束】命令后,系统会在未约束的草图曲线定义点处显示自由度箭头符号,也就是相互垂直的红色小箭头,红色小箭头会随着约束的增加而减少。当草图曲线完全约

(a) 草图样式选项卡

(b) 会话设置选项卡

图 2-4 草图首选项

 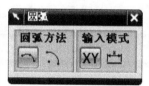 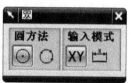

图 2-5 草图绘制工具对话框

束后,自由度箭头也会全部消失,并在状态栏中提示"草图已完全约束"。草图主要的约束命令如图 2-6 所示。

图 2-6 草图约束的主要命令

➤ 完成草图,退出草图生成器。

2. 扫掠

【扫掠】就是将轮廓曲线沿空间路径曲线扫描,从而形成一个曲面。扫描路径称为引导线串,轮廓曲线称为截面线串。单击【曲面】工具条的【扫掠】命令,命令图标 ,弹出如图 2-7 所示的【扫掠】对话框。

1)引导线

引导线(Guide)可以由单段或多段曲线(各段曲线间必须相切连续)组成,引导线控制了扫掠特征沿着 V 方向(扫掠方向)的方位和尺寸变化。扫掠曲面功能中,引导线可以有 1～3 条。

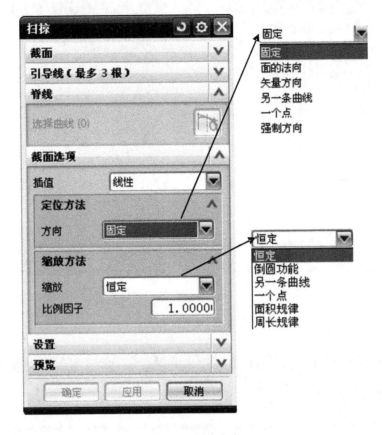

图 2-7　扫掠命令

➢ 若只使用一条引导线：则在扫掠过程中，无法确定截面线在沿引导线方向扫掠时的方位（例如可以平移截面线，也可以在平移的同时旋转截面线）和尺寸变化，如图 2-8 所示。因此只使用一条引导线进行扫掠时需要指定扫掠的方位与放大比例两个参数。

图 2-8　一条引导线示意图

➢ 若使用两条引导线：截面线沿引导线方向扫掠时的方位由两条引导线上各对应点之间的连线来控制，因此其方位是确定的，如图 2-9 所示。由于截面线沿引导线扫掠时，截面线与引导线始终接触，因此位于两引导线之间的横向尺寸的变化也得到了确定，但高度方向（垂直于引导线的方向）的尺寸变化未得到确定，因此需要指定高度方向尺寸的缩放方式。

横向缩放方式（Lateral）：仅缩放横向尺寸，高度方向不进行缩放。均匀缩放方式（Uniform）：截面线沿引导线扫掠时，各个方向都被缩放。

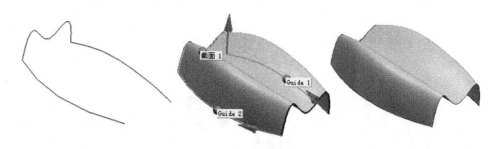

图 2-9　两条引导线示意图

➢ 使用三条引导线：截面线在沿引导线方向扫掠时的方位和尺寸变化得到了完全确定，无需另外指定方向和比例，如图 2-10 所示。

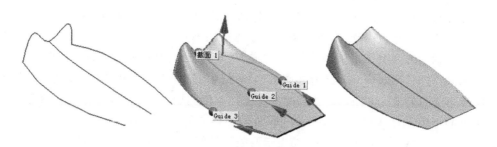

图 2-10　三条引导线示意图

2）截面线

截面线可以由单段或者多段曲线（各段曲线间不一定是相切连续，但必须连续）所组成，截面线串可以有 1～150 条。如果所有引导线都是封闭的，则可以重复选择第一组截面线串，以将它作为最后一组截面线串，如图 2-11 所示。

如果选择两条以上截面线串，扫掠时需要指定插值方式（Interpolation Methods），插值

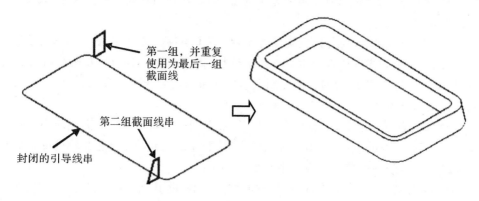

图 2-11　截面线示意图

方式用于确定两组截面线串之间扫描体的过渡形状。两种插值方式的差别如图 2-12 所示。

线性（Linear）：在两组截面线之间线性过渡。

三次（Cubic）：在两组截面线之间以三次函数形式过渡。

3）方向控制

在两条引导线或三条引导线的扫掠方式中，方位已完全确定，因此，方向控制只存在于单条引导线扫掠方式。关于方向控制的原理，扫掠工具中提供了 6 种方位控制方法。

➢ 固定的（Fixed）：扫掠过程中，局部坐标系各个坐标轴始终保持固定的方向，轮廓线在扫掠过程中也将始终保持固定的姿态。

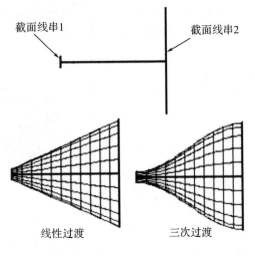

图 2-12　两种插值方式示意图

➢ 面的法向（Faced Normals）：局部坐标系的 Z 轴与引导线相切，局部坐标系的另一轴的方向与面的法向方向一致，当面的法向与 Z 轴方向不垂直时，以 Z 轴为主要参数，即在扫掠过程中 Z 轴始终与引导线相切。"面的法向"从本质上来说就是"矢量方向"方式。

➢ 矢量方向（Vector Direction）：局部坐标系的 Z 轴与引导线相切，局部坐标系的另一轴指向所指定的矢量的方向。需注意的是此矢量不能与引导线相切，而且若所指定的方向与 Z 轴方向不垂直，则以 Z 轴方向为主，即 Z 轴始终与引导线相切。

➢ 另一曲线（Another Curve）：相当于两条引导线的退化形式，只是第二条引导线不起控制比例的作用，而只起方位控制的作用，引导线与所指定的另一曲线对应点之间的连线控制截面线的方位。

➢ 一个点（A Point）：与"另一曲线"相似，只是曲线退化为一点。这种方式下，局部坐标系的某一轴始终指向一点。

➢ 强制方向（Forced Direction）：局部坐标系的 Z 轴与引导线相切，局部坐标系的另一轴始终指向所指定的矢量的方向。需注意的是此矢量不能与引导线相切，而且若所指定的方向与 Z 轴方向不垂直，则以所指定的方向为主，即 Z 轴与引导线并不始终相切。

4）比例控制

三条引导线方式中，方向与比例均已经确定；两条引导线方式中，方向与横向缩放比例已确定，所以两条引导线中比例控制只有两个选择：横向缩放（Lateral）方式及均匀缩放（Uniform）方式。因此，这里所说的比例控制只适用于单条引导线扫掠方式。单条引导线的比例控制有以下 6 种方式。

➢ 恒定（Constant）：扫掠过程中，沿着引导线以同一个比例进行放大或缩小。

➢ 倒圆函数（Blending Function）：此方式下，需先定义起始与终止位置处的缩放比例，中间的缩放比例按线性或三次函数关系来确定。

➢ 另一条曲线（Another Curve）：与方位控制类似，设引导线起始点与"另一曲线"起始点处的长度为 a，引导线上任意一点与"另一曲线"对应点的长度为 b，则引导线上任意一点处的缩放比例为 b/a。

➤ 一个点(A Point):与"另一曲线"类似,只是曲线退化为一点。
➤ 面积规律(Area Law):指定截面(必须是封闭的)面积变化的规律。
➤ 周长规律(Perimeter Law):指定截面周长变化的规律。

5)脊线

使用脊线可控制截面线串的方位,并避免在导线上不均匀分布参数导致的变形。当脊线串处于截面线串的法向时,该线串状态最佳。在脊线的每个点上,系统构造垂直于脊线并与引导线串相交的剖切平面,将扫掠所依据的等参数曲线与这些平面对齐,如图 2-13 所示。

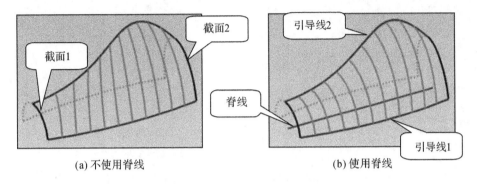

(a) 不使用脊线　　　　　　　　　(b) 使用脊线

图 2-13　脊线是否使用示意图

2.3　实施过程

1. 绘制草图前【草图样式】设置:选择【首选项】|【草图】|【草图样式】命令,弹出【草图样式】对话框,设置【尺寸标签】为【值】,单击【确定】,如图 2-14 所示。

2. 绘制草图前【注释首选项】设置:选择【首选项】|【注释】命令,弹出如图 2-15 所示的【注释首选项】对话框,在【尺寸】选项卡中设置精度为 0。

3. 绘制草图前【自动判断约束和尺寸】设置:选择【工具】|【约束】|【自动判断约束和尺寸】命令,启用【水平】、【竖直】、【相切】等约束,如图 2-16 所示。

4. 绘制草图前,选择【工具】|【约束】|【创建自动判断约束】命令,确保其处于激活状态。选择【工具】|【约束】|【显示所有约束】命令,确保其处于激活状态。选择【工具】|【更新】|【编辑后延时】命令,确保其处于关闭状态,如图2-17 所示。

图 2-14　草图样式对话框

图 2-15　注释首选项设置

图 2-16　自动判断约束和尺寸设置

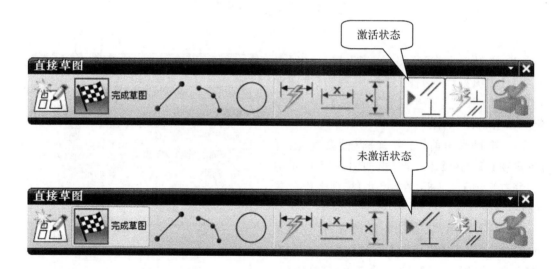

图 2-17　命令激活和非激活状态示意图

　　5. 创建新文件:选择【文件】|【新建】命令,在弹出的【新建】对话框中输入【名称】为 "xinxing",单位选择毫米,模板选择【模型-建模】,如图 2-18 所示的对话框。

　　6. 创建基准一:如图 2-19 所示。

　　7. 创建草图:选择【插入】|【草图】命令,弹出【创建草图】对话框,如图 2-20 所示,选择基准一中的 YC-ZC 平面作为草图平面,进入草图绘制环境。

图 2-18　创建新文件

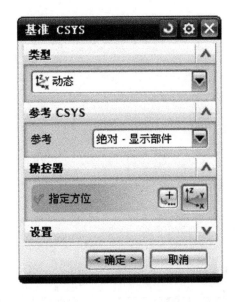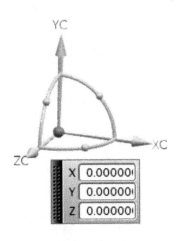

图 2-19　创建基准一

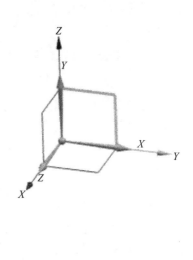

图 2-20　草图对话框

8. 使用【草图】命令,在基准一的 YC-ZC 平面内创建草图一,选择【插入】|【曲线】|【轮廓】命令,参照图纸先绘制一段圆弧和一段直线,如图 2-21 所示。

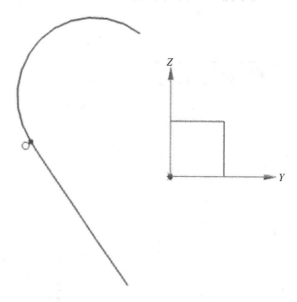

图 2-21　创建草图曲线

9. 选择【插入】|【来自曲线集的曲线】|【镜像曲线】命令,弹出【镜像曲线】对话框,选择基准坐标系的 Z 轴为【镜像中心线】,指定圆弧和直线为【要镜像的曲线】,选择【转换要引用的中心线】复选框,单击【确定】得到镜像的曲线,如图 2-22 所示。

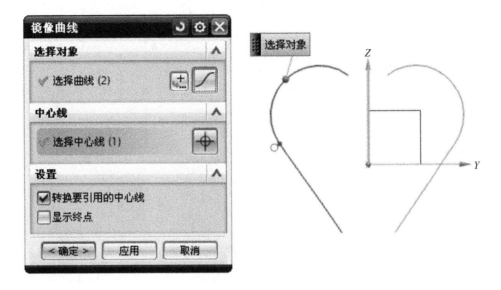

图 2-22　镜像草图曲线

10. 选择【插入】|【曲线】|【圆弧】命令,完成草图大致形状的勾画,如图 2-23 所示。

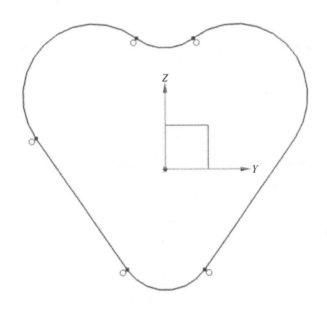

图 2-23　补全草图曲线

11. 设置草图一的几何约束:选择【插入】|【约束】命令,由于在绘制曲线的过程中自动创建了曲线间的【重合】和【相切】约束,所以此处需要把缺少的约束和尺寸补全,完成草图一的绘制,如图 2-24 所示。

12. 使用【草图】命令,在基准一的 XC-ZC 平面内创建草图二:选择【插入】|【曲线】|【直线】命令,在草图一中圆弧的象限点上制作两条直线作为辅助线,其中 N 线和 X 轴平行,T 线和 Z 轴平行,如图 2-25 所示。

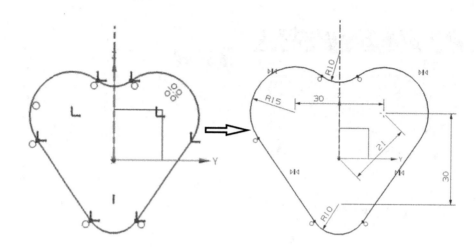

图 2-24　创建草图一的约束

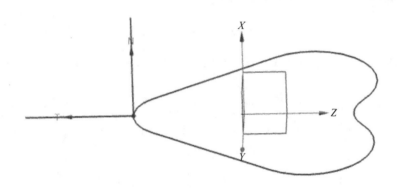

图 2-25　创建草图二辅助线

13. 选择【插入】|【曲线】|【圆弧】命令，根据图纸绘制四段圆弧，位置控制在 N 线和 T 线的交点附近，如图 2-26 所示。

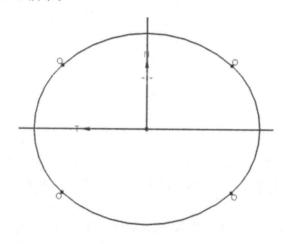

图 2-26　创建草图二曲线

14．设置草图二的几何约束：选择【插入】|【约束】命令，将上下两个圆弧的圆心约束在 N 轴上，将左、右两个圆弧的圆心约束在 T 轴上，为相邻的圆弧建立【重合】、【相切】约束，在相对的两个圆弧间建立【等半径】约束，同时选择【插入】|【尺寸】|【自动判断】命令，依照图纸所示尺寸添加尺寸约束，使草图完全约束，如图 2-27 所示。

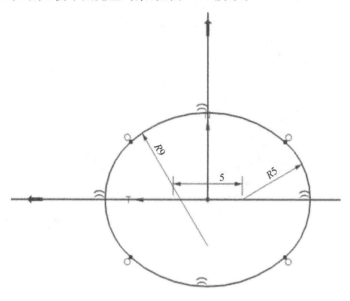

图 2-27　创建草图二的约束

15．使用【扫掠】命令，选取草图一和草图二中的曲线，扫掠出心形实体，如图 2-28 所示。

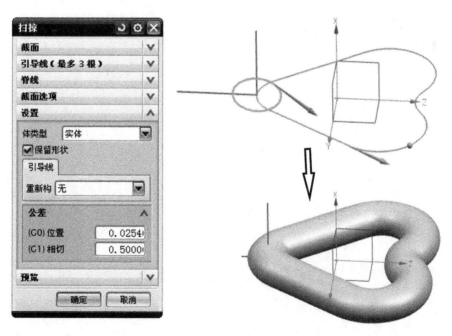

图 2-28　创建扫掠体

16. 最终模型:如图 2-29 所示。

图 2-29　最终模型

2.4　总　结

心形零件建模实例主要是通过草图制作两个曲线组,然后使用【扫掠】命令得到最终数据。通过本案例可以了解和掌握制作草图前的常用设置,草图的曲线制作和草图的约束这个基本制作草图的流程,为后面的建模实例制作打下良好的基础。

第 3 章　酒杯零件建模

项目要求

- 熟练使用 NX 软件的实体命令。
- 掌握本案例的建模思路。
- 熟练完成酒杯的图纸建模。

配套资源

- 参见光盘 03\ShiTi03-finish.prt。
- 参见光盘 03\ShiTi03.jpg。

难度系数

- ★☆☆☆☆

3.1　思路分解

3.1.1　案例说明

本案例根据图纸 ShiTi03.jpg 所示完成酒杯实体建模,如图 3-1 所示。

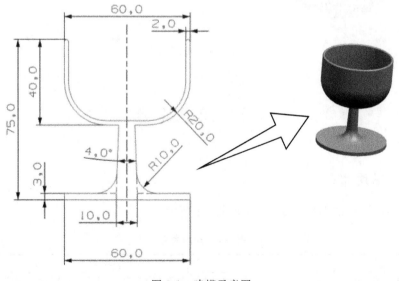

图 3-1　建模示意图

3.1.2 零件建模思路

通过观察图纸,可以把酒杯看成由三个基本体组成,而这三个基本体都可以由基本的 UG 命令直接获得。所以根据酒杯的特征,其建模思路要先分别建构出三个基本体,再使用布尔运算求和,最后进行倒圆修饰从而得到最终数据。具体如图 3-2 所示:

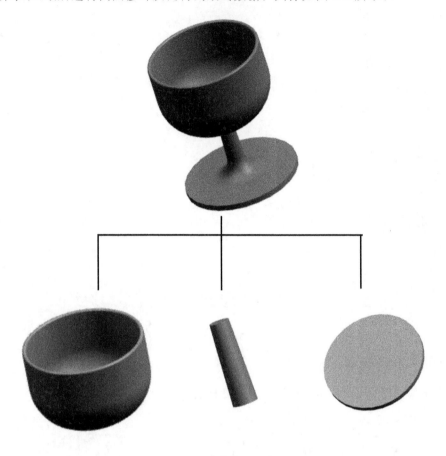

图 3-2 建模流程示意

3.2 知识链接

3.2.1 常用命令

本案例中使用到的 NX 命令参考,如表 3-1 所示。

表 3-1 常用命令

类别	命令名称
应用到命令	【圆柱体】、【凸台】、【抽壳】、【求和】、【边倒圆】

3.2.2 重点命令复习

1. 圆柱体

使用【圆柱体】命令,命令图标 ,可以创建基本圆柱形实体,圆柱与其定位对象相关联。创建圆柱体的方法有 2 种,如图 3-3 所示,分别是:

1)轴、直径和高度:使用方向矢量、直径和高度创建圆柱。

2)圆弧和高度:使用圆弧和高度创建圆柱。软件从选定的圆弧获得圆柱的方位。圆柱的轴垂直于圆弧的平面,且穿过圆弧中心。矢量会指示该方位。选定的圆弧不必为整圆,软件会根据任一圆弧对象创建完整的圆柱。

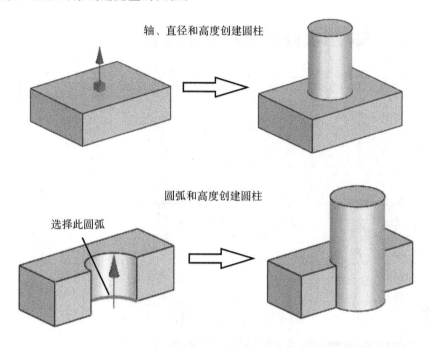

图 3-3 圆柱体两种创建方法

2. 凸台

单击【特征操作】工具条中的【凸台】命令,命令图标 ,弹出如图 3-4 所示的对话框。

使用【凸台】命令可以在模型上添加具有一定高度的圆柱形状,其侧面可以是直的或拔模的,如图 3-5 所示。创建后凸台与原来的实体加在一起成为一体,凸台的锥角允许为负值。

3. 抽壳

使用【抽壳】命令可以根据为壁厚指定的值抽空实体或在其四周创建壳体,也可为面单独指定厚度并移除单个面。

图 3-4 凸台命令

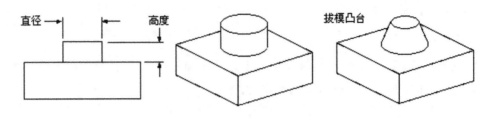

3-5　凸台几种形式

单击【特征操作】工具条上的【抽壳】命令,命令图标 ![icon],弹出如图 3-6 所示的对话框。

图 3-6　抽壳命令

1)移除面,然后抽壳:指定在执行抽壳之前移除要抽壳的体的某些面。首先选择要移除的两个面,然后输入厚度值即可。还可创建厚度不一致的抽壳。

2)抽壳所有面:指定抽壳体的所有面而不移除任何面。

4.求和

使用【求和】命令,命令图标 ![icon],可以将两个或多个工具实体的体积组合为一个目标体。下面案例给大家做个演示,把 4 个圆柱体和长方体进行求和,如图 3-7 所示。

5.边倒圆

通过【边倒圆】命令可以使至少由两个面共享的边缘变光顺。倒圆时就像沿着被倒圆角的边缘滚动一个球,同时使球始终与在此边缘处相交的各个面接触。倒圆球在面的内侧滚动会创建圆形边缘(去除材料),在面的外侧滚动会创建圆角边缘(添加材料),如图 3-8 所示。

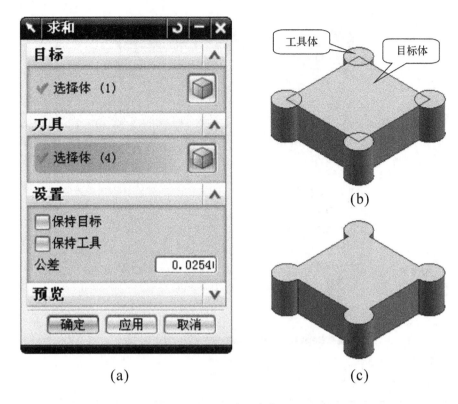

图 3-7　求和命令

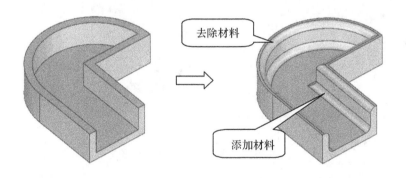

图 3-8　边倒圆示意图

　　单击【特征】工具条上的【边倒圆】命令图标 ，弹出如图 3-9 所示的对话框。该对话框中各选项含义如下所述。

　　1）要倒圆的边

　　此选项区主要用于倒圆边的选择与添加，以及倒角值的输入。若要对多条边进行不同圆角的倒角处理，则单击【添加新集】按 钮即可。列表框中列出了不同倒角的名称、值和表达式等信息，如图 3-10 所示

　　2）可变半径点

　　通过向边倒圆添加半径值唯一的点来创建可变半径圆角，如图 3-11 所示。

图 3-9　边倒圆命令

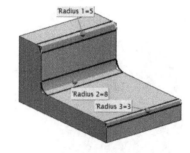

图 3-10　要倒圆的边项示意

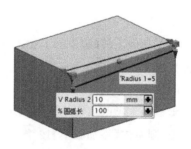

图 3-11　可变半径点项示意

3）拐角倒角

在三条线相交的拐角处进行拐角处理。选择三条边线后，切换至拐角栏，选择三条线的交点，即可进行拐角处理。可以改变三个位置的参数值来改变拐角的形状，如图 3-12 所示。

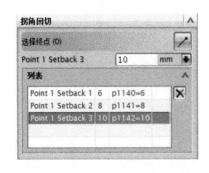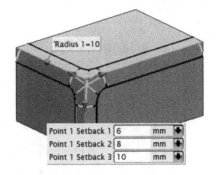

图 3-12　拐角倒角项示意

4）拐角突然停止

使某点处的边倒圆在边的末端突然停止，如图 3-13 所示。

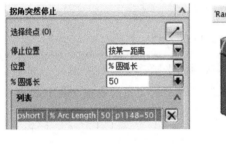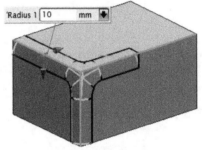

图 3-13　拐角突然停止项示意

5）修剪

可将边倒圆修剪至明确选定的面或平面，而不是依赖软件通常使用的默认修剪面，如图 3-14 所示。

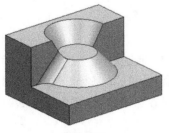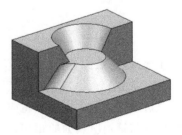

默认效果　　　　　　　　　　　　　修剪效果

图 3-14　修剪项示意

6）溢出解

当圆角的相切边缘与该实体上的其他边缘相交时，就会发生圆角溢出。选择不同的溢出解，得到的效果会不一样，可以尝试组合使用这些选项来获得不同的结果。如图 3-15 所示为【溢出解】选项区。

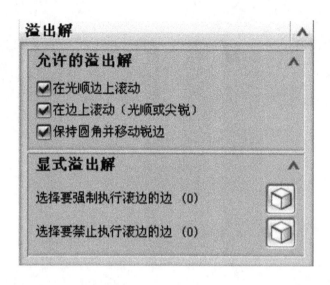

图 3-15　溢出解项示意

➤ 在光顺边上滚动：允许圆角延伸到其遇到的光顺连接（相切）面上。如图 3-16 所示，①溢出现有圆角的边的新圆角；②选择时，在光顺边上滚动会在圆角相交处生成光顺的共享边；③未选择在光顺边上滚动时，结果为锐共享边。

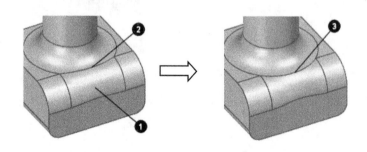

图 3-16　溢出解项示意一

➤ 在边上滚动（光顺或尖锐）：允许圆角在与定义面之一相切之前发生，并展开到任何边（无论光顺还是尖锐）上。如图 3-17 所示，①选择在边上滚动（光顺或尖锐）时，遇到的边不更改，而与该边所在面的相切会被超前；②未选择在边上滚动（光顺或尖锐）时，遇到的边发生更改，且保持与该边所属面的相切。

➤ 保持圆角并移动锐边：允许圆角保持与定义面的相切，并将任何遇到的面移动到圆角面。如图 3-18 所示，①选择在锐边上保持圆角选项的情况下预览边倒圆过程中遇到的边；②生成的边倒圆显示保持了圆角相切。

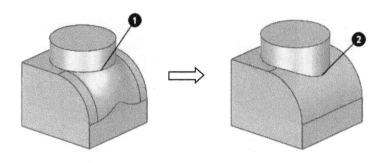

图 3-17　溢出解项示意二

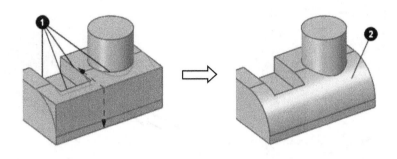

图 3-18　溢出解项示意三

7）设置：选项区主要是控制输出操作的结果。

➢ 凸/凹 Y 处的特殊圆角：使用该复选框，允许对某些情况选择两种 Y 型圆角之一，如图 3-19 所示。

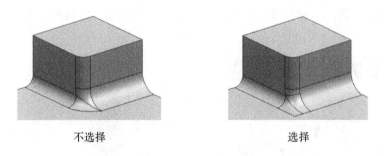

不选择　　　　　　　　　　　　　选择

图 3-19　Y 型圆角示意

➢ 移除自相交：在一个圆角特征内部如果产生自相交，可以使用该选项消除自相交的情况，增加圆角特征创建的成功率。

➢ 拐角回切：在产生拐角特征时，可以对拐角的样子进行改变，如图 3-20 所示。

3.3　实施过程

1. 使用【圆柱】命令，在坐标原点创建一个直径 60，高度 3 的圆柱，如图 3-21 所示。

从拐角分离　　　　　　　带拐角包含

图 3-20　拐角回切示意

 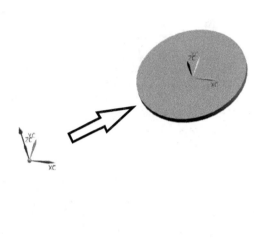

图 3-21　创建酒杯托盘

2. 使用【凸台】命令，在底盘中心建立一个直径 10，高度 32，拔模 2°的凸台，如图 3-22 所示。

 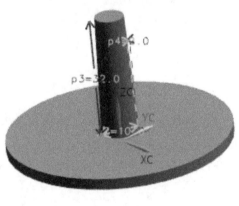

图 3-22　创建酒杯柄

3. 使用【圆柱】命令,在酒杯柄的顶面创建酒杯主体,如图 3-23 所示。

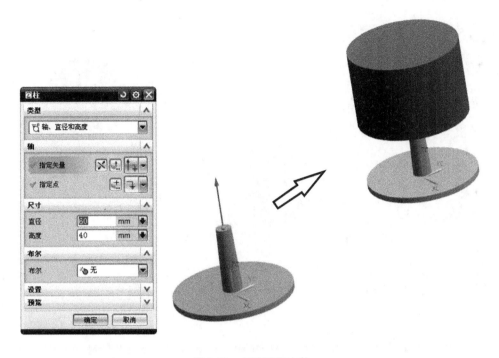

图 3 23　创建酒杯主体

4. 使用【边倒圆】命令,获得酒杯主体圆弧形状,如图 3-24 所示。

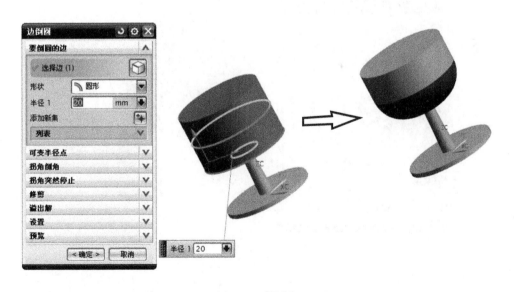

图 3-24　倒圆角

5. 使用【抽壳】命令,点击酒杯主体表面,挖出酒杯容积,如图 3-25 所示。

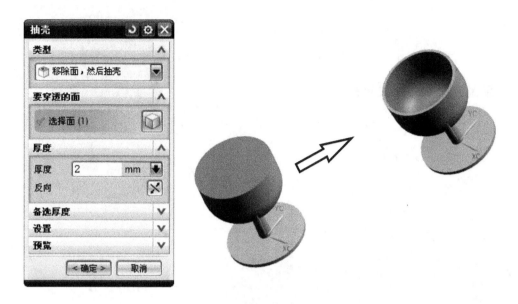

图 3-25　抽壳

6. 使用【求和】命令,把所有实体布尔运算成一个实体,如图 3-26 所示。

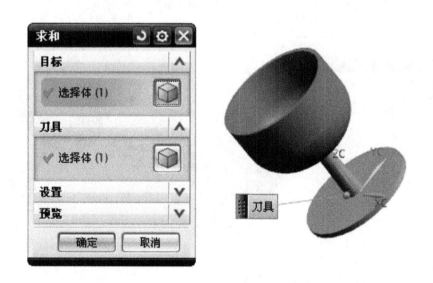

图 3-26　布尔运算-求和

7. 使用【边倒圆】命令,酒杯杯口进行圆润处理,如图 3-27 所示。

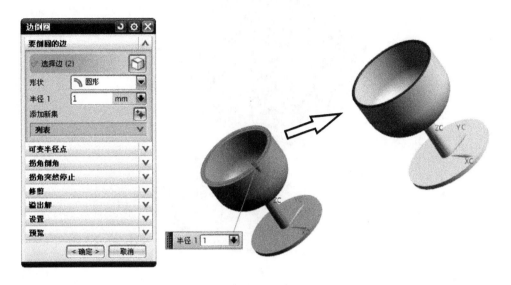

图 3-27　创建杯口圆角

8. 使用【边倒圆】命令,对杯脚进行圆角处理,这样可以使酒杯更美丽,如图 3-28 所示。

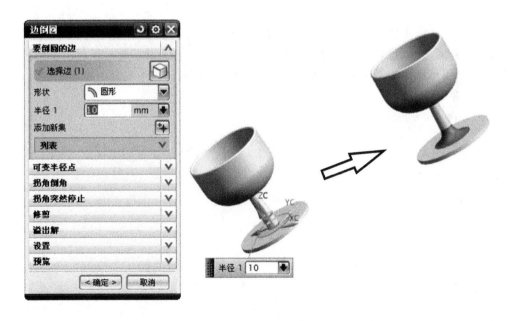

图 3-28　创建杯脚圆角

9. 最终模型，如图 3-29 所示。

图 3-29　最终模型

3.4　总　结

　　酒杯零件建模实例主要是通过【圆柱】、【凸台】和【抽壳】三个基本命令得到零件主体，在通过【求和】和【边倒圆】两个命令对零件主体进行修饰而得到最终数据。通过本案例可以了解和掌握制简单形体的直接建模思路，为后面的建模实例制作打下良好的基础。

第4章　轴零件建模

项目要求

- 熟练使用 NX 软件的实体命令。
- 掌握本案例的建模思路。
- 熟练完成轴的图纸建模。

配套资源

- 参见光盘 04\ShiTi04-finish.prt。
- 参见光盘 04\ShiTi04.jpg。

难度系数

- ★☆☆☆☆

4.1　思路分解

4.1.1　案例说明

本案例根据图纸 ShiTi04.jpg 所示完成轴零件建模，如图 4-1 所示：

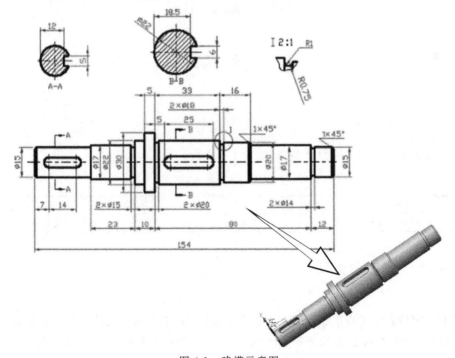

图 4-1　建模示意图

4.1.2 零件建模思路

通过观察图纸,可以看出本案例轴零件主要由圆柱体这个基本得几何元素组成,因此轴零件主体只要通过【拉伸】命令就可以完成。所以根据轴零件特征,其建模思路为先主体,再键槽,最终进行倒角处理。具体如图 4-2 所示:

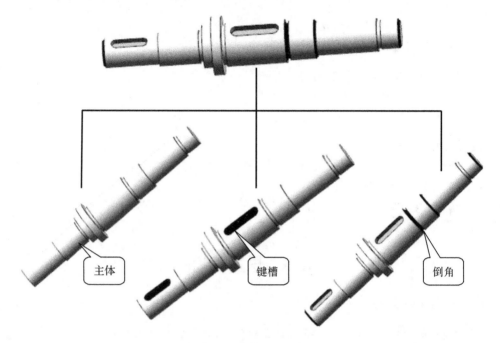

图 4-2　建模流程示意

4.2　知识链接

4.2.1　常用命令

本案例中使用到的 NX 命令参考,如表 4-1 所示:

表　4-1　常用命令

类别	命令名称
应用到命令	【圆柱体】、【边倒园】、【拉伸】、【倒斜角】、【键槽】

4.2.2　重点命令复习

1. 拉伸

使用【拉伸】命令可以沿指定方向扫掠曲线、边、面、草图或曲线特征的 2D 或 3D 部分一段直线距离,由此来创建体如图 4-3 所示。拉伸过程中需要指定截面线、拉伸方向、拉伸距离。

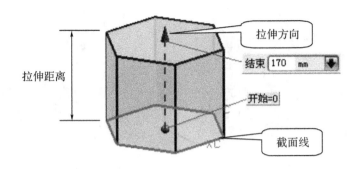

图 4-3　拉伸示意图

单击【特征】工具条上的【拉伸】命令,图标
，弹出如图 4-4 所示的对话框。该对话框中各选项含义如下所述。

1)截面:指定要拉伸的曲线或边。

➢ 绘制截面 ：单击此图标,系统打开草图生成器,在其中可以创建一个处于特征内部的截面草图。在退出草图生成器时,草图被自动选作要拉伸的截面。

➢ 选择曲线 ：选择曲线、草图或面的边缘进行拉伸。系统默认选中该图标。在选择截面时,注意配合【选择意图工具条】使用。

2)方向:指定要拉伸截面曲线的方向。

➢ 默认方向为选定截面曲线的法向,也可以通过【矢量对话框】和【自动判断的矢量】类型列表中的方法构造矢量。

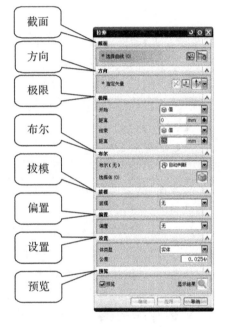

图 4-4　拉伸命令对话框

➢ 单击反向 按钮或直接双击在矢量方向箭头,可以改变拉伸方向。

3)极限:定义拉伸特征的整体构造方法和拉伸范围。

➢ 值:指定拉伸起始或结束的值。

➢ 对称值:开始的限制距离与结束的限制距离相同。

➢ 直至下一个:将拉伸特征沿路径延伸到下一个实体表面,如图 4-5(a)所示。

➢ 直至选定对象:将拉伸特征延伸到选择的面、基准平面或体,如图 4-5(b)所示。

➢ 直至延伸部分:截面在拉伸方向超出被选择对象时,将其拉伸到被选择对象延伸位置为止,如图 4-5(c)所示。

➢ 贯通:沿指定方向的路径延伸拉伸特征,使其完全贯通所有的可选体,如图 4-5(d)所示。

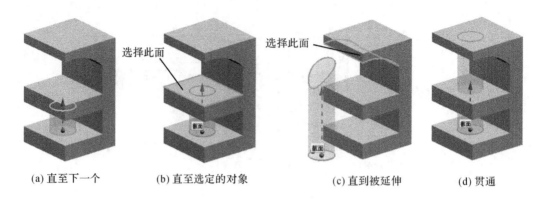

(a) 直至下一个   (b) 直至选定的对象   (c) 直到被延伸   (d) 贯通

图 4-5 极限项实现方式

4）布尔

在创建拉伸特征时，还可以与存在的实体进行布尔运算。

注意，如果当前界面只存在一个实体，选择布尔运算时，自动选中实体；如果存在多个实体，则需要选择进行布尔运算的实体。

5）拔模：在拉伸时，为了方便出模，通常会对拉伸体设置拔模角度，共有 6 种拔模方式。

➤ 无：不创建任何拔模。

➤ 从起始限制：从拉伸开始位置进行拔模，开始位置与截面形状一样，如图 4-6（a）所示。

➤ 从截面：从截面开始位置进行拔模，截面形状保持不变，开始和结束位置进行变化，如图 4-6（b）所示。

➤ 从截面-非对称角：截面形状不变，起始和结束位置分别进行不同的拔模，两边拔模角可以设置不同角度，如图 4-6（c）所示。

➤ 从截面-对称角：截面形状不变，起始和结束位置进行相同的拔模，两边拔模角度相同，如图 4-6（d）所示。

➤ 从截面匹配的终止处：截面两端分别进行拔模，拔模角度不一样，起始端和结束端的形状相同，如图 4-6（e）所示。

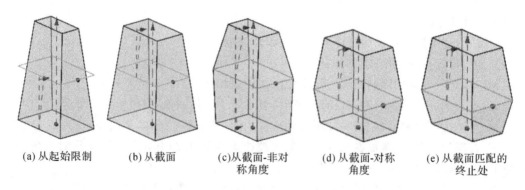

(a) 从起始限制   (b) 从截面   (c)从截面-非对称角度   (d) 从截面-对称角度   (e) 从截面匹配的终止处

图 4-6 拔模项实现方式

6）偏置：用于设置拉伸对象在垂直于拉伸方向上的延伸，共有 4 种方式。

➢ 无：不创建任何偏置。

➢ 单侧：向拉伸添加单侧偏置，如图 4-7（a）所示。

➢ 两侧：向拉伸添加具有起始和终止值的偏置，如图 4-7（b）所示。

➢ 对称：向拉伸添加具有完全相等的起始和终止值（从截面相对的两侧测量）的偏置，如图 4-7（c）所示。

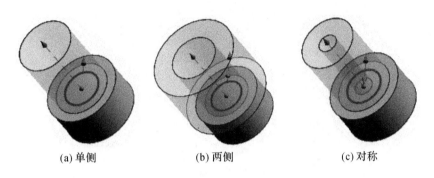

(a) 单侧   (b) 两侧   (c) 对称

图 4-7 偏置项实现方式

7）设置：用于设置拉伸特征为片体或实体。要获得实体，截面曲线必须为封闭曲线或带有偏置的非闭合曲线。

8）预览：用于观察设置参数后的变化情况。

2. 边倒圆

通过【边倒圆】命令可以使至少由两个面共享的边缘变光顺。倒圆时就像沿着被倒圆角的边缘滚动一个球，同时使球始终与在此边缘处相交的各个面接触。倒圆球在面的内侧滚动会创建圆形边缘（去除材料），在面的外侧滚动会创建圆角边缘（添加材料），如图 4-8所示。

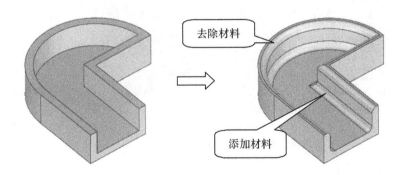

去除材料

添加材料

图 4-8 边圆示意图

单击【特征】工具条上的【边倒圆】命令图标 ，弹出如图 4-9 所示的对话框。该对话框中各选项含义如下所述。

图 4-9　边倒圆命令

1）要倒圆的边

此选项区主要用于倒圆边的选择与添加，以及倒角值的输入。若要对多条边进行不同圆角的倒角处理，则单击【添加新集】 按钮即可。列表框中列出了不同倒角的名称、值和表达式等信息，如图 4-10 所示

 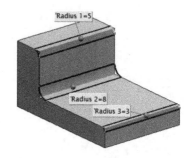

图 4-10　要倒圆的边项示意

2）可变半径点

通过向边倒圆添加半径值唯一的点来创建可变半径圆角，如图 4-11 所示。

3）拐角倒角

在三条线相交的拐角处进行拐角处理。选择三条边线后，切换至拐角栏，选择三条线的交点，即可进行拐角处理。可以改变三个位置的参数值来改变拐角的形状，如图 4-12 所示。

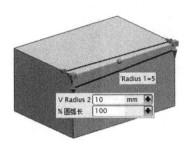

图 4-11　可变半径点项示意

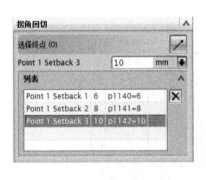
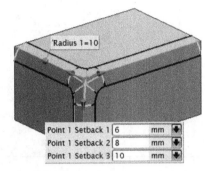

图 4-12　拐角倒角项示意

4）拐角突然停止

使某点处的边倒圆在边的末端突然停止，如图 4-13 所示。

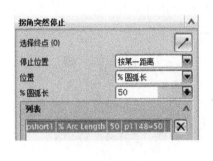
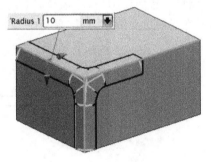

图 4-13　拐角突然停止项示意

5）修剪

可将边倒圆修剪至明确选定的面或平面，而不是依赖软件通常使用的默认修剪面，如图 4-14 所示。

6）溢出解

当圆角的相切边缘与该实体上的其他边缘相交时，就会发生角溢出。选择不同的溢出

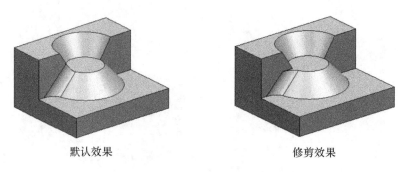

默认效果　　　　　　　　　　　　　修剪效果

图 4-14　修剪项示意

解,得到的效果会不一样,可以尝试组合使用这些选项来获得不同的结果。如图 4-15 所示为【溢出解】选项区。

图 4-15　溢出解项示意

> 在光顺边上滚动:允许圆角延伸到其遇到的光顺连接(相切)面上。如图 4-16 所示,①溢出现有圆角的边的新圆角;②选择时,在光顺边上滚动会在圆角相交处生成光顺的共享边;③未选择在光顺边上滚动时,结果为锐共享边。

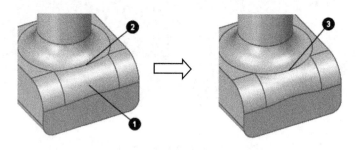

图 4-16　溢出解项示意一

> 在边上滚动(光顺或尖锐):允许圆角在与定义面之一相切之前发生,并展开到任何边(无论光顺还是尖锐)上。如图 4-17 所示,①选择在边上滚动(光顺或尖锐)时,遇到的边不更改,而与该边所在面的相切会被超前;②未选择在边上滚动(光顺或尖锐)时,遇到的边发生更改,且保持与该边所属面的相切。

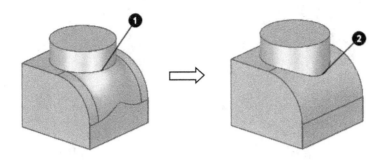

图 4-17　溢出解项示意二

➤ 保持圆角并移动锐边：允许圆角保持与定义面的相切，并将任何遇到的面移动到圆角面。如图 4-18 所示，①选择在锐边上保持圆角选项的情况下预览边倒圆过程中遇到的边；②生成的边倒圆显示保持了圆角相切。

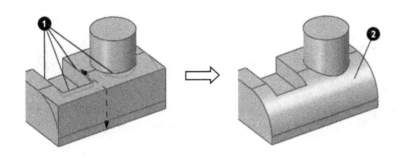

图 4-18　溢出解项示意三

7）设置：选项区主要是控制输出操作的结果。

➤ 凸/凹 Y 处的特殊圆角：使用该复选框，允许对某些情况选择两种 Y 型圆角之一，如图 4-19 所示。

不选择　　　　　　　　　选择

图 4-19　Y 型圆角示

➤ 移除自相交：在一个圆角特征内部如果产生自相交，可以使用该选项消除自相交的情况，增加圆角特征创建的成功率。

➤ 拐角回切：在产生拐角特征时，可以对拐角的样子进行改变，如图 4-20 所示。

从拐角分离   带拐角包含

图 4-20　拐角回切示意

3. 倒斜角

使用【倒斜角】命令,命令图标 ，可以将一个或多个实体的边缘截成斜角面。

倒斜角有三种类型:对称、非对称、偏置和角度,如图 4-21 所示。

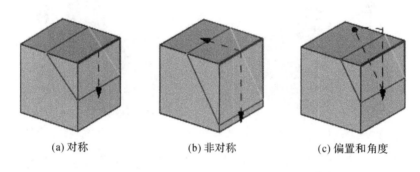

(a) 对称   (b) 非对称   (c) 偏置和角度

图 4-21　倒斜角命令示意

4. 键槽

使用【键槽】命令可以满足建模过程中各种键槽的创建。在机械设计中,键槽主要用于轴、齿轮、带轮等实体上,起到周向定位及传递扭矩的作用。所有键槽类型的深度值都按垂直于平面放置面的方向测量。

单击【特征】工具条上的【键槽】命令,图标 ，弹出如图 4-22 所示的对话框。键槽只能创建在平面上,键槽共有五种类型,下面分别介绍。

➤ 矩形槽:沿着底边创建有锐边的键槽,如图 4-23 所示。

➤ 球形键槽:创建保留有完整半径的底部

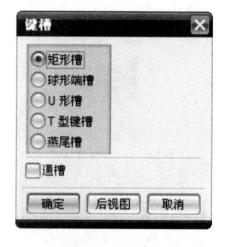

图 4-22　键槽命令

和拐角的键槽,槽宽等于球直径(即刀具直径)。槽深必须大于球半径。如图 4-24 所示。

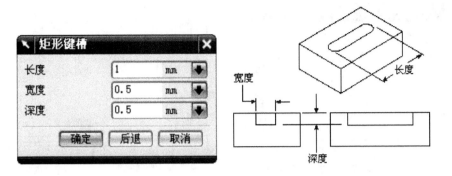

图 4-23　矩形键槽

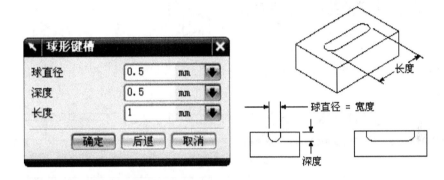

图 4-24　球形键槽

➢ U 形键槽：创建有整圆的拐角和底部半径的键槽，槽深必须大于拐角半径。如图 4-25 所示。

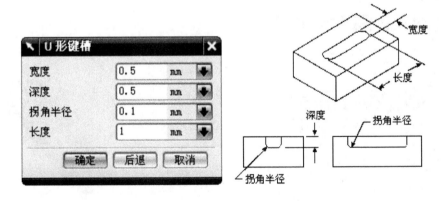

图 4-25　U 型键槽

➢ T 形键槽：创建一个横截面是倒 T 的键槽，如图 4-26 所示。

5.燕尾槽：创建燕尾槽型的键槽。这类键槽有尖角和斜壁，如图 4-27 所示。

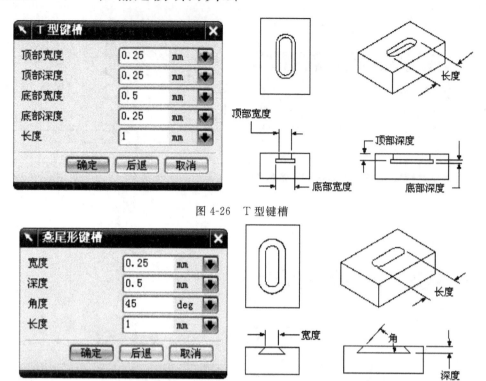

图 4-26　T 型键槽

图 4-27　燕尾槽

4.3　实施过程

1. 创建圆柱体,如图 4-28 所示。

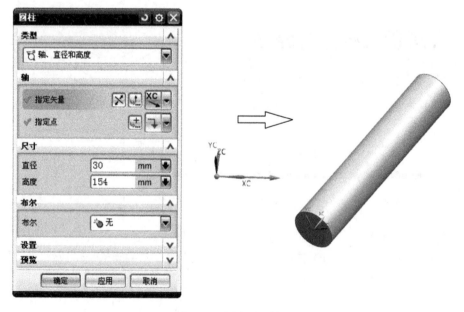

图 4-28　创建圆柱体

2. 通过拉伸修剪体如图 4-29 所示。

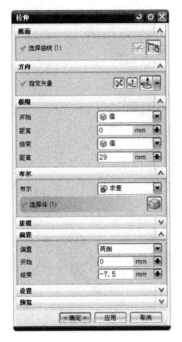
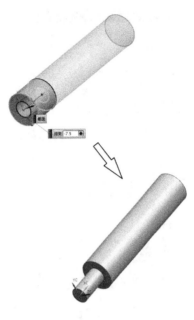

图 4-29　拉伸修剪体

3. 通过拉伸修剪体，如图 4-30 所示。

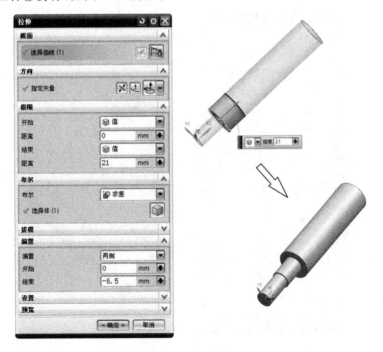

图 4-30　拉伸修剪体

4. 通过拉伸创建退刀槽,如图 4-31 所示。

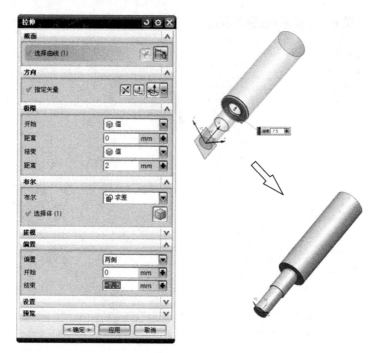

图 4-31　创建退刀槽

5. 通过拉伸修剪体,如图 4-32 所示。

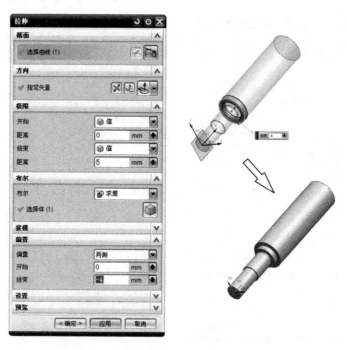

图 4-32　拉伸修剪体

6. 通过拉伸创建退刀槽,如图 4-33 所示。

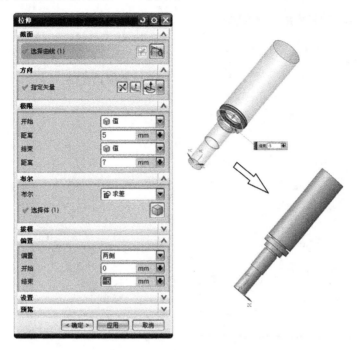

图 4-33　创建退刀槽

7. 通过拉伸修剪体,如图 4 34 所示。

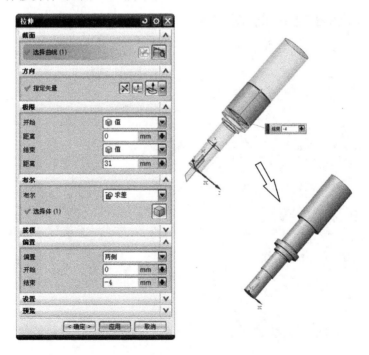

图 4-34　拉伸修剪体

8. 通过拉伸修剪体,如图 4-35 所示。

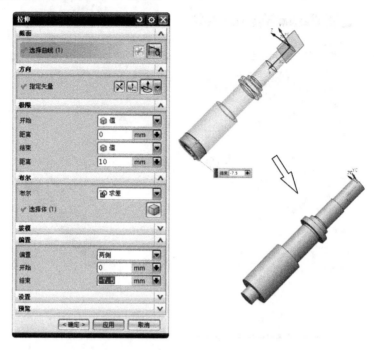

图 4-35　拉伸修剪体

9. 通过拉伸修剪体,如图 4-36 所示。

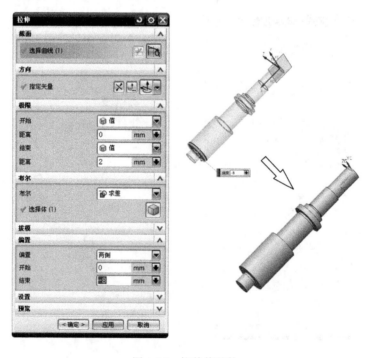

图 4-36　拉伸修剪体

10. 通过拉伸修剪体,如图 4-37 所示。

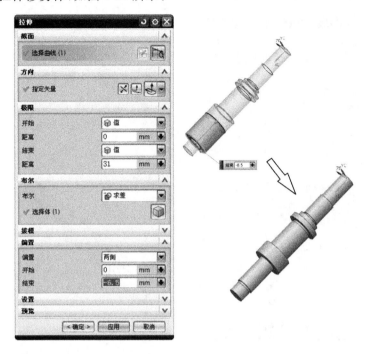

图 4-37　拉伸修剪体

11. 通过拉伸修剪体,如图 4-38 所示。

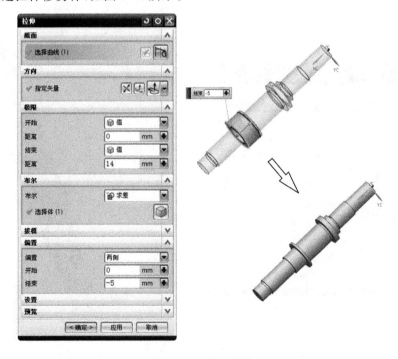

图 4-38　拉伸修剪体

12. 通过拉伸创建退刀槽，如图 4-39 所示。

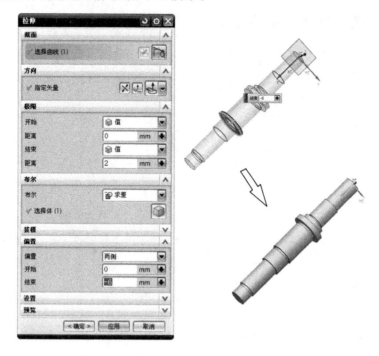

图 4-39　创建退刀槽

13. 创建基准 CSYS，如图 4-40 所示。

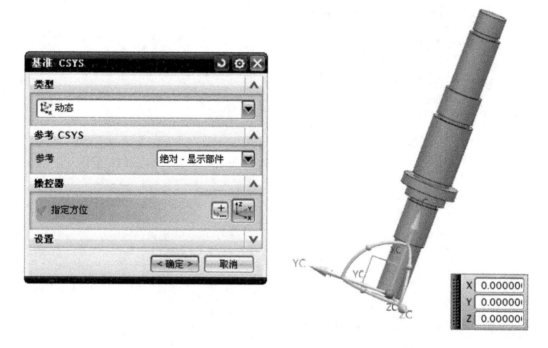

图 4-40　创建基准 CSYS

14. 创建基准平面,如图 4-41 所示。

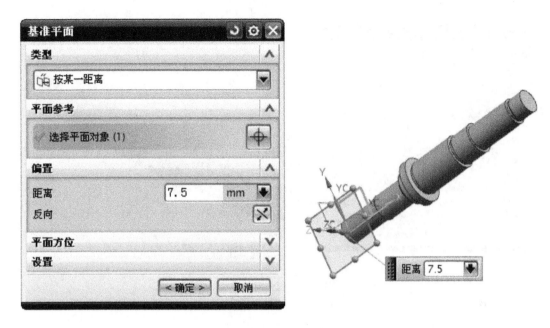

图 4-41　创建基准平面

15. 创建矩形键槽,如图 4-42 所示。

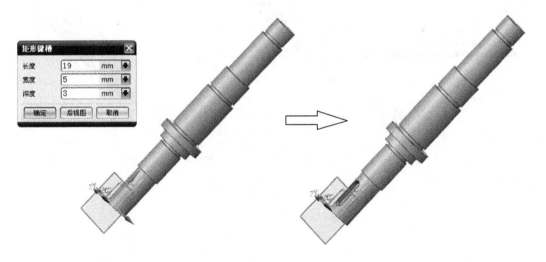

图 4-42　创建矩形键槽

16. 创建基准平面,如图 4-43 所示。

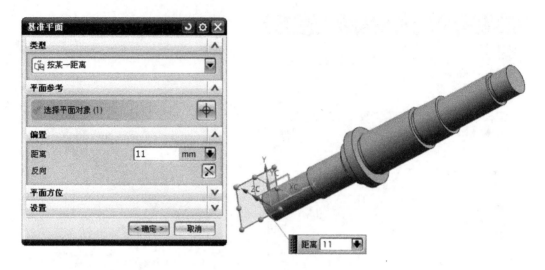

图 4-43　创建基准平面

17. 创建矩形键槽,如图 4-44 所示。

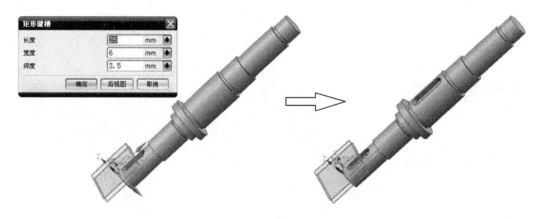

图 4-44　创建矩形键槽

18. 创建倒斜角和边倒圆修饰特征，如图 4-45 所示。

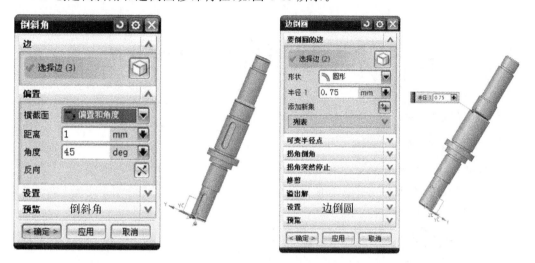

图 4-45　创建倒斜角、边倒圆

19. 轴零件的最终模型如图 4-46 所示。

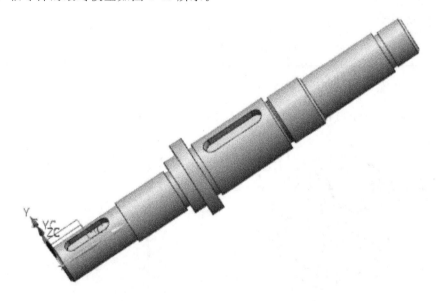

图 4-46　轴零件最终模型

4.4　总　结

　　轴零件建模实例主要是通过【圆柱】、【拉伸】和【键槽】三个基本命令得到零件主体，再通过【边倒圆】和【倒斜角】两个命令对零件主体进行修饰而得到最终数据。通过本案例可以了解和掌握制简单形体的直接建模思路，为后面的建模实例制作打下良好的基础。

第5章 方向盘零件建模

- 熟练使用 NX 软件的草图和实体命令。
- 了解和掌握草图和实体结合使用的建模思路。
- 熟练完成方向盘零件的图纸建模。

配套资源

- 参见光盘 05\ShiTi05-finish.prt。
- 参见光盘 05\ShiTi05.jpg。

难度系数

- ★★☆☆☆

5.1 思路分解

5.1.1 案例说明

本案例根据图纸 ShiTi05.jpg 所示完成方向盘零件建模,如图 5-1 所示。

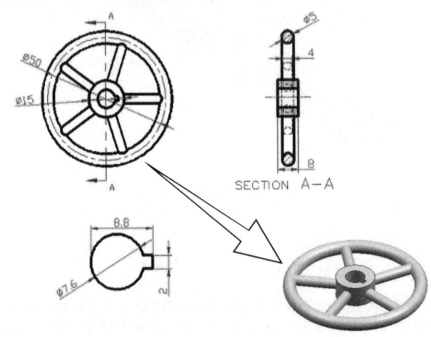

图 5-1 建模示意图

5.1.2　零件建模思路

通过观察图纸,可以发现方向盘主要由圆环和圆柱等基本几何元素组成,这些几何元素都可以由基本的 UG 命令直接获得。所以根据零件特征,其建模思路为,先创建各个基本元素,再根据布尔运算求和得到最终数据。具体如图 5-2 所示。

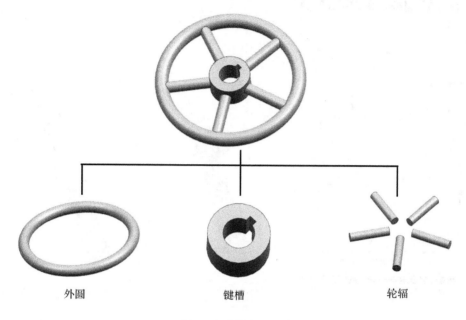

外圆　　　　　　　　　　键槽　　　　　　　　　　轮辐

图 5-2　建模流程示意

5.2　知识链接

5.2.1　常用命令

本案例中使用到的 NX 命令参考,如表 5-1 所示。

表 5-1　常用命令

类别	命令名称
应用到命令	【草图】、【拉伸】、【求和】、【管道】、【移动对象】

5.2.2　重点命令复习

1. 管道

通过【管道】命令,命令图标 ,可以通过沿着一个或多个相切连续的曲线或边扫掠一个圆形横截面来创建单个实体,如图 5-3(a)所示。管道有两种输出类型:

➢ 单段:在整个样条路径长度上只有一个管道面(存在内直径时为两个)。这些表面是

B 曲面,如图 5-3(b)所示。

➢ 多段:多段管道用一系列圆柱和圆环面沿路径逼近管道表面,如图 5-3(c)所示。其依据是用直线和圆弧逼近样条路径(使用建模公差)。对于直线路径段,把管道创建为圆柱。对于圆形路径段,创建为圆环。

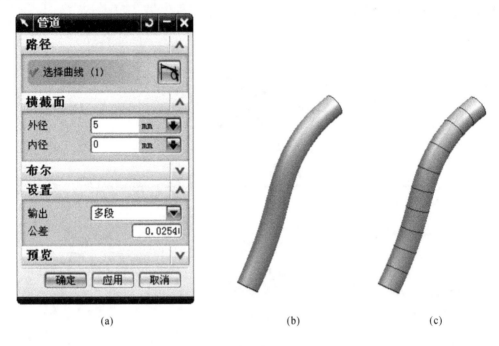

(a)　　　　　　　　　　　(b)　　　　　　　　　　(c)

图 5-3　管道命令示意图

2. 移动对象

使用【移动对象】命令,命令图标 ![icon] ,可对选择的对象进行 10 种位置移动或复制,分别是距离、角度、点之间的距离、径向距离、点到点、根据三点旋转、将轴与矢量对齐、CSYS 到 CSYS、动态和增量 XYZ。变换的结果可具有参数关联性,可动态改变编辑效果。如图 5-4 所示。

以下介绍四种常用的移动对象使用方式:

➢ 距离:指定矢量方向后,根据输入的距离值实现选定实体的移动,如图 5-5 所示。

➢ 角度:指定矢量方向和轴点后,根据输入的角度值实现选定实体的移动,如图 5-6 所示。

➢ 点到点:指定出发点和终止点后,选定的实体依照出发点和终止点相对的位置关系进行移动,如图 5-7 所示。

➢ CSYS 到 CSYS:指定起始 CSYS 和终止 CSYS 后,选定的实体依照起始 CSYS 确定的方向和位置向终止 CSYS 确定的方向及位置进行移动,下面我们把圆柱体按照圆柱体上的 CSYS 向立方体上的 CSYS 进行移动,如图 5-8 所示。

3. 拉伸

使用【拉伸】命令可以沿指定方向扫掠曲线、边、面、草图或曲线特征的 2D 或 3D 部分一段直线距离,由此来创建体如图 5-9 所示。拉伸过程中需要指定截面线、拉伸方向、拉伸距离。

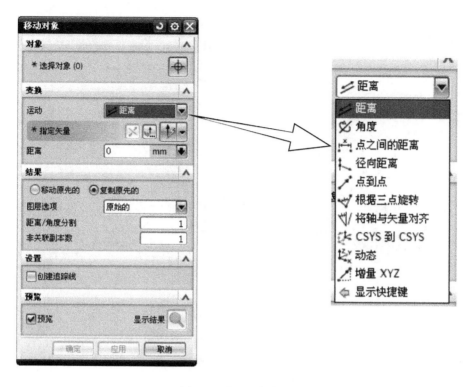

图 5-4 移动对象命令

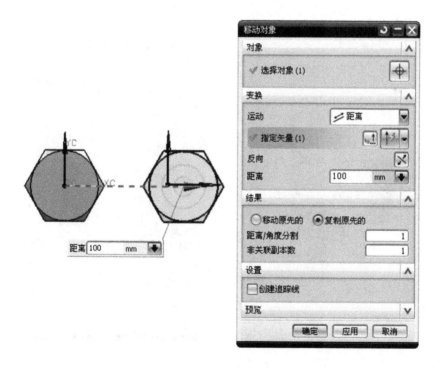

图 5-5 按照距离方式移动

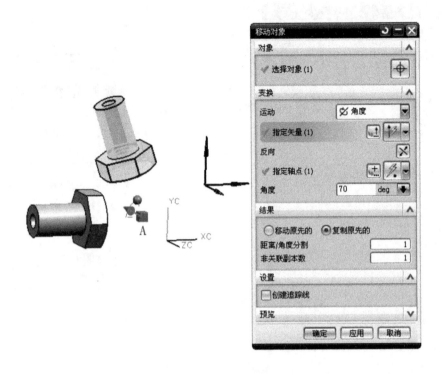

图 5-6　按照角度方式移动

图 5-7　按照点到点方式移动

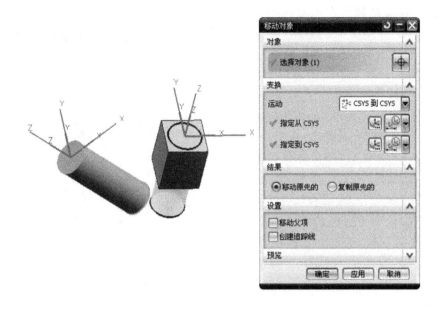

图 5-8　按照 CSYS 到 CSYS 方式移动

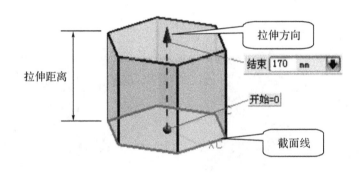

图 5-9　拉伸示意图

单击【特征】工具条上的【拉伸】命令,图标，弹出如图 5-10 所示的对话框。该对话框中各选项含义如下所述。

1)截面:指定要拉伸的曲线或边。

➢ 绘制截面：单击此图标,系统打开草图生成器,在其中可以创建一个处于特征内部的截面草图。在退出草图生成器时,草图被自动选作要拉伸的截面。

➢ 选择曲线：选择曲线、草图或面的边缘进行拉伸。系统默认选中该图标。在选择截面时,注意配合【选择意图工具条】使用。

2)方向:指定要拉伸截面曲线的方向。

➢ 默认方向为选定截面曲线的法向,也可以通过【矢量对话框】和【自动判断的矢量】类型列表中的方法构造矢量。

➢ 单击反向按钮或直接双击在矢量方向箭头,可以改变拉伸方向。

3）极限：定义拉伸特征的整体构造方法和拉伸范围。

➤ 值：指定拉伸起始或结束的值。

➤ 对称值：开始的限制距离与结束的限制距离相同。

➤ 直至下一个：将拉伸特征沿路径延伸到下一个实体表面，如图 5-11（a）所示。

➤ 直至选定对象：将拉伸特征延伸到选择的面、基准平面或体，如图 5-11（b）所示。

➤ 直至延伸部分：截面在拉伸方向超出被选择对象时，将其拉伸到被选择对象延伸位置为止，如图 5-11（c）所示。

➤ 贯通：沿指定方向的路径延伸拉伸特征，使其完全贯通所有的可选体，如图 5-11（d）所示。

4）布尔

在创建拉伸特征时，还可以与存在的实体进行布尔运算。

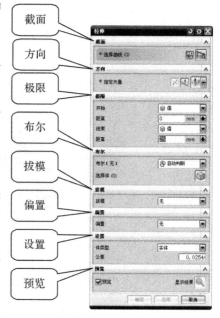

图 5-10　拉伸命令对话框

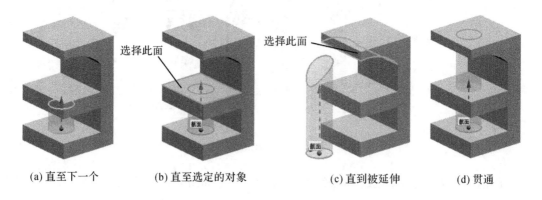

(a) 直至下一个　　(b) 直至选定的对象　　(c) 直到被延伸　　(d) 贯通

图 5-11　极限项实现方式

注意，如果当前界面只存在一个实体，选择布尔运算时，自动选中实体；如果存在多个实体，则需要选择进行布尔运算的实体。

5）拔模：在拉伸时，为了方便出模，通常会对拉伸体设置拔模角度，共有 6 种拔模方式。

➤ 无：不创建任何拔模。

➤ 从起始限制：从拉伸开始位置进行拔模，开始位置与截面形状一样，如图 5-12（a）所示。

➤ 从截面：从截面开始位置进行拔模，截面形状保持不变，开始和结束位置进行变化，如图 5-12（b）所示。

➤ 从截面-非对称角：截面形状不变，起始和结束位置分别进行不同的拔模，两边拔模角可以设置不同角度，如图 5-12（c）所示。

➢ 从截面-对称角:截面形状不变,起始和结束位置进行相同的拔模,两边拔模角度相同,如图 5-12(d)所示。

➢ 从截面匹配的终止处:截面两端分别进行拔模,拔模角度不一样,起始端和结束端的形状相同,如图 5-12(e)所示。

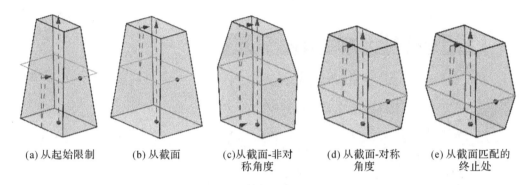

(a) 从起始限制　　　(b) 从截面　　　(c)从截面-非对　　　(d) 从截面-对称　　　(e) 从截面匹配的
　　　　　　　　　　　　　　　　　　　　称角度　　　　　　　角度　　　　　　　　终止处

图 5-12　拔模项实现方式

6)偏置:用于设置拉伸对象在垂直于拉伸方向上的延伸,共有 4 种方式。

➢ 无:不创建任何偏置。

➢ 单侧:向拉伸添加单侧偏置,如图 5-13(a)所示。

➢ 两侧:向拉伸添加具有起始和终止值的偏置,如图 5-13(b)所示。

➢ 对称:向拉伸添加具有完全相等的起始和终止值(从截面相对的两侧测量)的偏置,如图 5-13(c)所示。

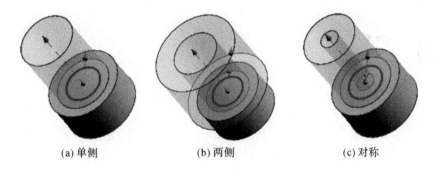

(a) 单侧　　　　　　　(b) 两侧　　　　　　　(c) 对称

图 5-13　偏置项实现方式

7)设置:用于设置拉伸特征为片体或实体。要获得实体,截面曲线必须为封闭曲线或带有偏置的非闭合曲线。

8)预览:用于观察设置参数后的变化情况。

5.3 实施过程

1. 创建基准 CSYS,如图 5-14 所示。

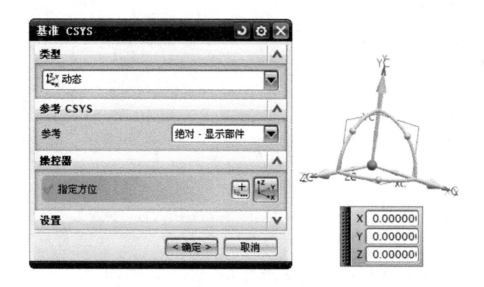

图 5-14 创建基准 CSYS

2. 使用【草图】命令,在 XC-YC 平面内创建草图,如图 5-15 所示。

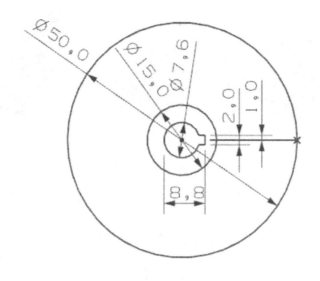

图 5-15 创建草图

3. 使用【管道】命令,选取草图中 φ50 的尺寸得到外圆,如图 5-16 所示。

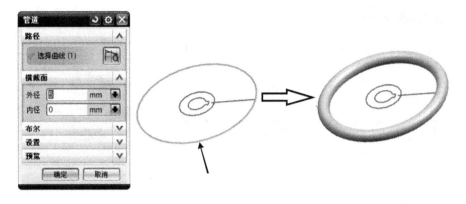

图 5-16　创建外圆

4. 使用【拉伸】命令,获取内部圆柱及销孔,如图 5-17 所示。

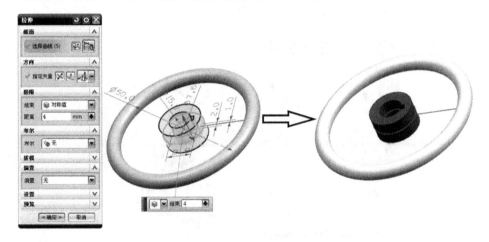

图 5-17　创建内部圆柱及销孔

5. 使用【管道】命令,选取轮辐直线制作出第一根轮辐,如图 5-18 所示。

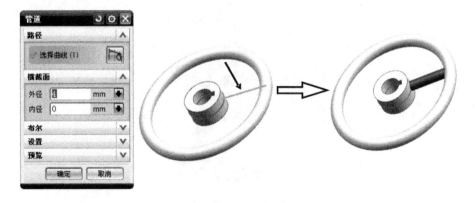

图 5-18　创建第一根轮辐

6. 使用【移动对象】命令,制作出其他四根轮辐,如图 5-19 所示。
7. 使用【求和】命令,把所有单个实体布尔运算成一个整体,如图 5-20 所示。

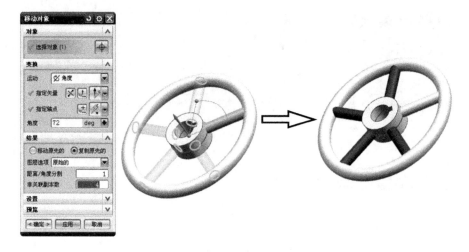

图 5-19　创建其他轮辐

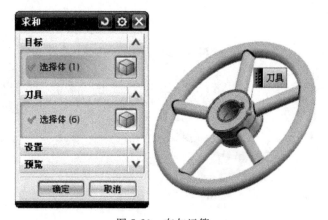

图 5-20　布尔运算

8. 最终模型，如图 5-21 所示。

图 5-21　最终模型

5.4 总 结

方向盘零件建模实例主要是根据图纸通过草图模块构建产品轮廓,然后在通过实体命令得到零件主体。这个建模思路是产品设计的基本思路,由草图构建的产品轮廓可以方便零件的修改和改进。通过本案例熟练掌握这个方法就打下了良好产品建模的基石。

第6章　固定座零件建模

- 熟练使用 NX 软件的草图和实体命令。
- 了解和掌握草图和实体结合使用的建模思路。
- 熟练完成固定座零件的图纸建模。

配套资源

- 参见光盘 06\ShiTi06-finish.prt。
- 参见光盘 06\ShiTi06.jpg。

难度系数

- ★★☆☆☆

6.1　思路分解

6.1.1　案例说明

本案例根据图纸 ShiTi06.jpg 所示完成固定座零件建模,如图 6-1 所示:

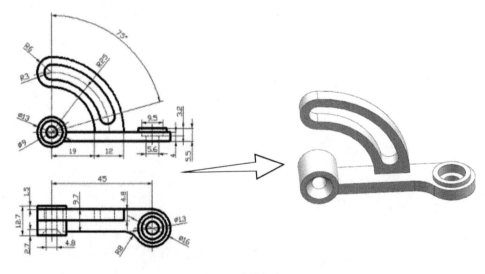

图 6-1　建模示意图

6.1.2 零件建模思路

通过观察图纸,可以看出固定座主要由圆柱体、长方体和孔等最基本的几何元素组成,这些几何元素都可以由 UG 命令直接获得。所以根据零件特征,其建模思路可以把固定座分解为主体一、主体二和主体三,然后在主体上进行打孔和圆角处理,最后根据布尔运算求和得到最终数据。具体如图 6-2 所示。

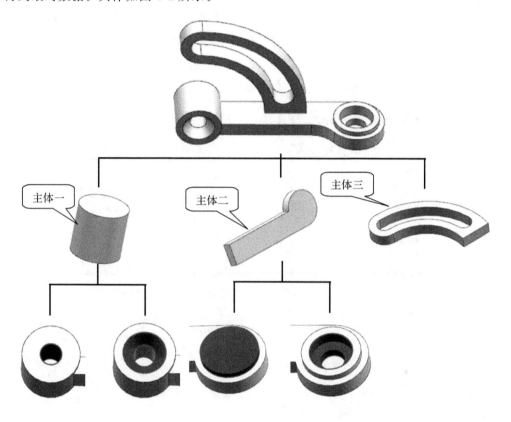

图 6-2   建模流程示意

6.2   知识链接

6.2.1 常用命令

本案例中使用到的 NX 命令参考,如表 6-1 所示。

表 6-1   常用命令

类别	命令名称
应用到命令	【草图】、【拉伸】、【边倒圆】、【倒斜角】、【孔】

6.2.2　重点命令复习

1. 草图

草图是 UG NX 软件中建立参数化模型的一个重要工具。草图与曲线功能相似,也是一个用来构建二维曲线轮廓的工具,其最大的特点是绘制二维图时只需先绘制出一个大致的轮廓,然后通过约束条件来精确定义图形。当约束条件改变时,轮廓曲线也自动发生改变,因而使用草图功能可以快捷、完整地表达设计者的意图。绘制草图的一般步骤如下:

➤ 新建或打开部件文件;在进入草图任务环境之前,必须先新建草图或打开已有的草图。单击【直接草图】工具条上的【草图】命令,命令图标 ![图标],弹出【创建草图】对话框。对话框中包含两种创建草图的类型:在平面上和在轨迹上。如图 6-3 所示。

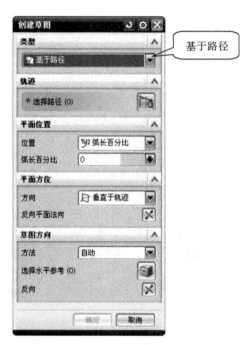

图 6-3　草图两种创建方法

➤ 检查和修改草图参数预设置;草图参数预设置是指在绘制草图之前,设置一些操作规定。这些规定可以根据用户自己的要求而个性化设置,但是建议这些设置能体现一定的意义,如草图首选项如图 6-4 所示。

➤ 创建和编辑草图对象;草图对象是指草图中的曲线和点。建立草图工作平面后,就可以直接绘制草图对象或者将图形窗口中的点、曲线、实体或片体上的边缘线等几何对象添加到草图中,如图 6-5 所示。

➤ 定义约束;约束限制草图的形状和大小,包括几何约束(限制形状)和尺寸约束(限制大小)。调用了【约束】命令后,系统会在未约束的草图曲线定义点处显示自由度箭头符号,也就是相互垂直的红色小箭头,红色小箭头会随着约束的增加而减少。当草图曲线完全约束后,自由度箭头也会全部消失,并在状态栏中提示"草图已完全约束"。草图主要的约束命令如图 6-6 所示。

(a) 草图样式选项卡　　　　　　　　　(b) 会话设置选项卡

图 6-4　草图首选项

 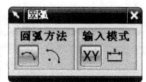 

图 6-5　草图绘制工具对话框

图 6-6　草图约束的主要命令

➤ 完成草图,退出草图生成器。

2. 孔

通过【孔】命令可以在部件或装配中添加各种类型的孔特征,单击【特征】工具条上的
【孔】命令,命令图标 ，弹出如图 6-7 所示的对话框,该对话框中各选项的含义如下。

1)类型:孔的种类,包括常规孔、钻形孔、螺钉间隙孔、螺纹孔和孔系列。

2)位置:孔的中心点位置,可以通过草绘或选择参考点的方式来获得。

3)方向:孔的生成方向,包括垂直于面和沿矢量两种指定方法。

4)成形:孔的内部形状,包括简单孔、沉头孔、埋头孔及已拔模等形状的孔,如图 6-8
所示。

5)尺寸:孔的尺寸,包括直径、深度、尖角等。

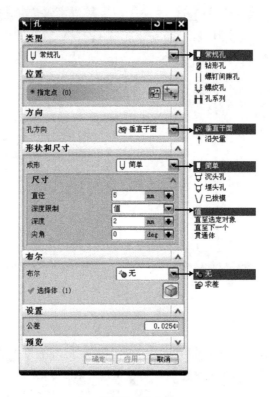

图 6-7　孔命令

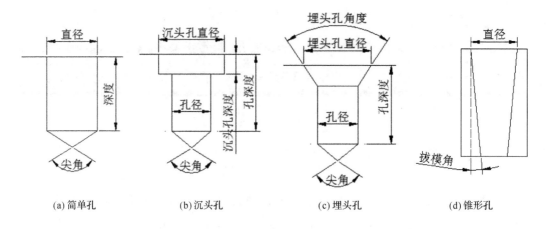

(a)简单孔　　(b)沉头孔　　(c)埋头孔　　(d)锥形孔

图 6-8　成形四选项

➢ 直径:孔的直径。
➢ 深度限制:孔的深度方法,包括值、直至选定对象、直至下一个和贯通体。
➢ 深度:孔的深度,不包括尖角。

3. 边倒圆

通过【边倒圆】命令可以使至少由两个面共享的边缘变光顺。倒圆时就像沿着被倒圆角的边缘滚动一个球,同时使球始终与在此边缘处相交的各个面接触。倒圆球在面的内侧滚动会创建圆形边缘(去除材料),在面的外侧滚动会创建圆角边缘(添加材料),如图 6-9 所示。

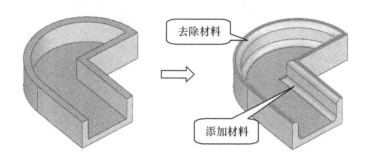

图 6-9　边倒圆示意图

单击【特征】工具条上的【边倒圆】命令图标 ，弹出如图 6-10 所示的对话框。该对话框中各选项含义如下所述。

图 6-10　边倒圆命令

1)要倒圆的边

此选项区主要用于倒圆边的选择与添加,以及倒角值的输入。若要对多条边进行不同圆角的倒角处理,则单击【添加新集】 按钮即可。列表框中列出了不同倒角的名称、值和表达式等信息,如图 6-11 所示

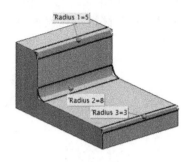

图 6-11　要倒圆的边项示意

2）可变半径点

通过向边倒圆添加半径值唯一的点来创建可变半径圆角，如图 6-12 所示。

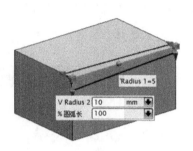

图 6-12　可变半径点项示意

3）拐角倒角

在三条线相交的拐角处进行拐角处理。选择三条边线后，切换至拐角栏，选择三条线的交点，即可进行拐角处理。可以改变三个位置的参数值来改变拐角的形状，如图 6-13 所示。

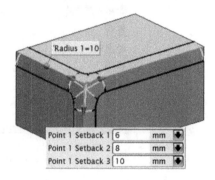

图 6-13　拐角倒角项示意

4）拐角突然停止

使某点处的边倒圆在边的末端突然停止，如图 6-14 所示。

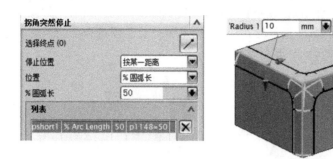

图 6-14　拐角突然停止项示意

5）修剪

可将边倒圆修剪至明确选定的面或平面，而不是依赖软件通常使用的默认修剪面，如图 6-15 所示。

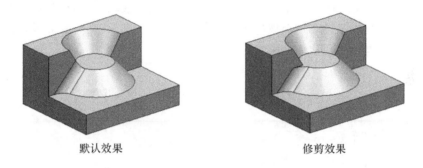

默认效果　　　　　　　　　　　　　修剪效果

图 6-15　修剪项示意

6）溢出解

当圆角的相切边缘与该实体上的其他边缘相交时，就会发生圆角溢出。选择不同的溢出解，得到的效果会不一样，可以尝试组合使用这些选项来获得不同的结果。如图 6-16 所示为【溢出解】选项区。

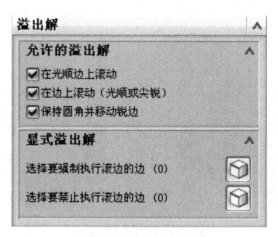

图 6-16　溢出解项示意

➢ 在光顺边上滚动：允许圆角延伸到其遇到的光顺连接（相切）面上。如图 6-17 所示，①溢出现有圆角的边的新圆角；②选择时，在光顺边上滚动会在圆角相交处生成光顺的共享边；③未选择在光顺边上滚动时，结果为锐共享边。

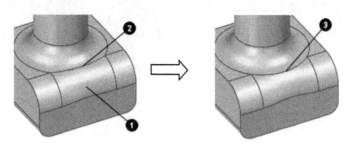

图 6-17　溢出解项示意一

➢ 在边上滚动（光顺或尖锐）：允许圆角在与定义面之一相切之前发生，并展开到任何边（无论光顺还是尖锐）上。如图 6-18 所示，①选择在边上滚动（光顺或尖锐）时，遇到的边不更改，而与该边所在面的相切会被超前；②未选择在边上滚动（光顺或尖锐）时，遇到的边发生更改，且保持与该边所属面的相切。

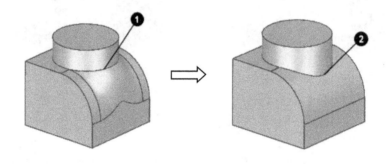

图 6-18　溢出解项示意二

➢ 保持圆角并移动锐边：允许圆角保持与定义面的相切，并将任何遇到的面移动到圆角面。如图 6-19 所示，①选择在锐边上保持圆角选项的情况下预览边倒圆过程中遇到的边；②生成的边倒圆显示保持了圆角相切。

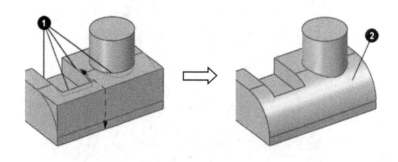

图 6-19　溢出解项示意三

7)设置:选项区主要是控制输出操作的结果。

➤ 凸/凹 Y 处的特殊圆角:使用该复选框,允许对某些情况选择两种 Y 型圆角之一,如图 6-20 所示。

不选择   选择

图 6-20 Y 型圆角示意

➤ 移除自相交:在一个圆角特征内部如果产生自相交,可以使用该选项消除自相交的情况,增加圆角特征创建的成功率。

➤ 拐角回切:在产生拐角特征时,可以对拐角的样子进行改变,如图 6-21 所示。

从拐角分离   带拐角包含

图 6-21 拐角回切示意

6.3 实施过程

1. 创建基准 CSYS,如图 6-22 所示。

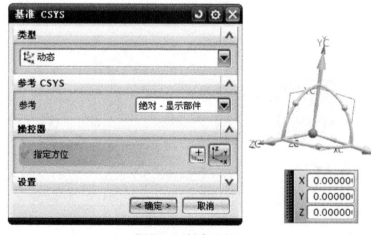

图 6-22 创建基准 CSYS

2. 使用【草图】命令，在 XC-YC 平面内创建主体一ϕ13 的圆，如图 6-23 所示。

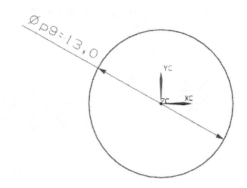

图 6-23　创建主体一草图

3. 使用【拉伸】命令，选取草图中ϕ13 圆得到主体一，如图 6-24 所示。

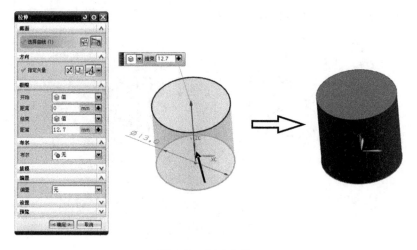

图 6-24　创建主体一

4. 使用【草图】命令，在 XC-ZC 平面内创建主体二的草图，如图 6-25 所示。

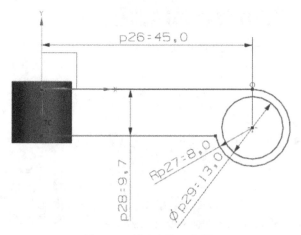

图 6-25　创建主体二草图

5. 使用【拉伸】命令，获得主体二，如图 6-26 所示。

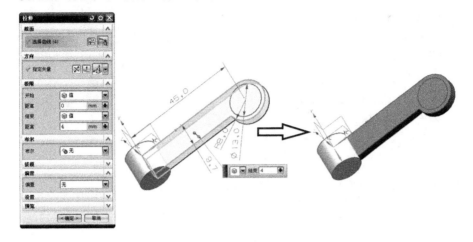

图 6-26 创建主体二实体

6. 使用【拉伸】命令，获得主体二上凸台并和主体一进行求和，如图 6-27 所示。

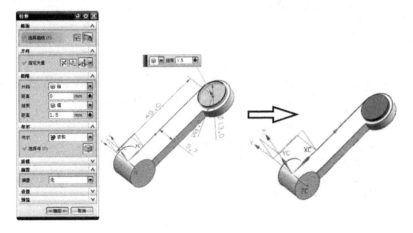

图 6-27 创建主体二上凸台

7. 使用【草图】命令，在 XC-YC 平面内创建主体三的草图，如图 6-28 所示。

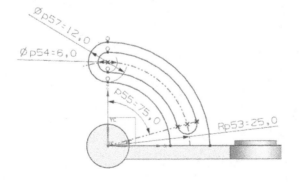

图 6-28 创建主体三草图

8. 使用【拉伸】命令,获得主体三实体,如图 6-29 所示。

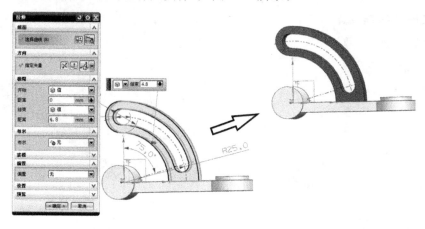

图 6-29　创建主体三实体

9. 使用【求和】命令,把三个主体实体布尔运算成一个整体,如图 6-30 所示。

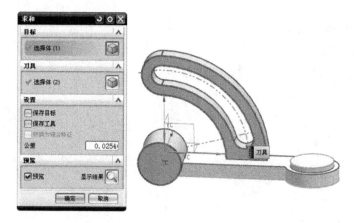

图 6-30　布尔运算

10. 使用【孔】命令,在主体一上创建一个 φ4.8 简单孔,如图 6-31 所示。

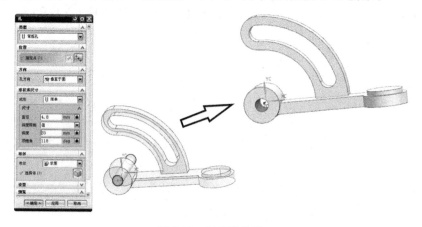

图 6-31　创建简单孔

11．使用【倒斜角】命令，选取主体一上通孔的边缘进行倒斜角，如图 6-32 所示。

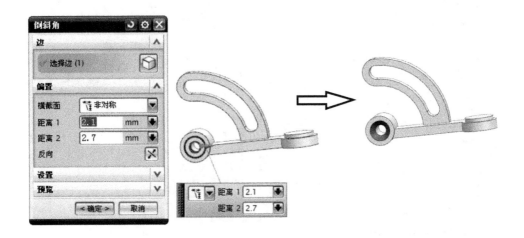

图 6-32　创建倒斜角

12．使用【孔】命令，在主体二上按照图纸尺寸创建一个沉头孔，如图 6-33 所示。

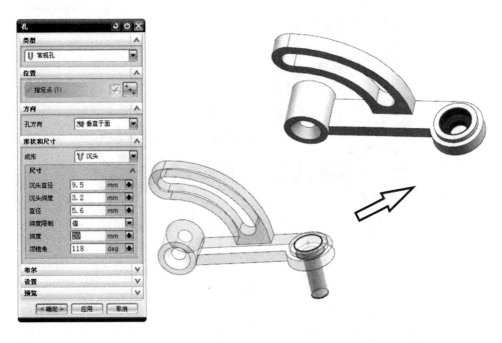

图 6-33　创建沉头孔

13. 使用【边倒圆】命令,制作倒圆角,如图 6-34 所示。

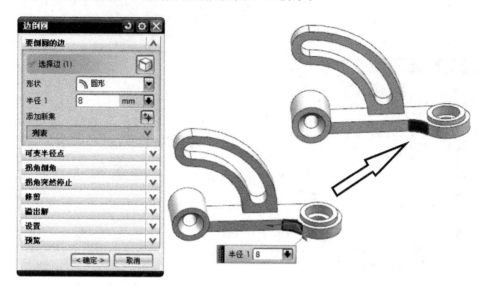

图 6-34　创建倒圆角

14. 最终模型,如图 6-35 所示。

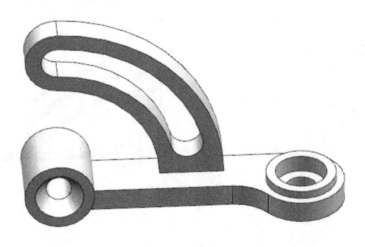

图 6-35　最终模型

6.4　总　结

　　固定座零件建模实例同样是草图与实体命令相结合完成的案例,但在本案例中新出现了【孔】命令,这个命令集成了各种做孔的方式方法,并且非常便于后期产品设计变更和修改。通过本案例主要为了继续熟练草图制作和实体命令结合的产品设计的基本思路,同时掌握新命令【孔】。

第7章 连接块零件建模

● 熟练使用 NX 软件的草图和实体命令。
● 了解和掌握逐步去材的实体建模思路。
● 熟练完成连接块零件的图纸建模。

● 参见光盘 07\ShiTi07-finish.prt。
● 参见光盘 07\ShiTi07.jpg。

● ★★☆☆☆

7.1 思路分解

7.1.1 案例说明

本案例根据图纸 ShiTi07.jpg 所示完成连接块零件建模,如图 7-1 所示。

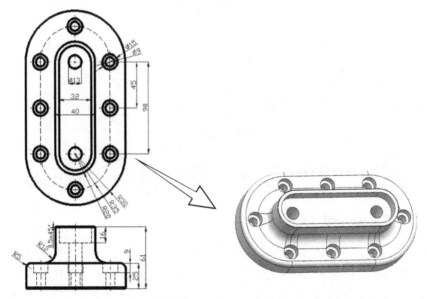

图 7-1 建模示意图

7.1.2 零件建模思路

通过观察图纸,连接块由最基本的几何元素长方形和孔组成,这些几何元素都可以由 UG 命令直接获得。所以根据零件特征,其建模思路可以先建立一个长方体主体并倒圆角,然后去材得到凸台,再去材得到凸台上的凹槽,最后在主体上进行打孔和圆角处理,从而得到最终数据。具体如图 7-2 所示。

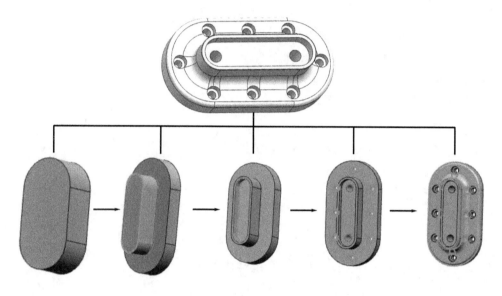

图 7-2 建模流程示意

7.2 知识链接

7.2.1 常用命令

本案例中使用到的 NX 命令参考,如表 7-1 所示。

表 7-1 常用命令

类别	命令名称
应用到命令	【草图】、【拉伸】、【孔】、【边倒圆】、【倒斜角】、【点】

7.2.2 重点命令复习

1. 点

点的绘制和捕捉是最基础的绘图功能之一,各种图形的定位基准往往是各种类型的点。选择菜单【插入】|【基准/点】|【点】或单击【曲线】工具条上的点图标 ╋,弹出如图 7-3 对话框。

图 7-3　点命令

点构造器也存在于特征创建的对话框中，单击某些对话框中的点构造器图标 $\xi...$ ，即可弹出【点】对话框，如图 7-4 所示。

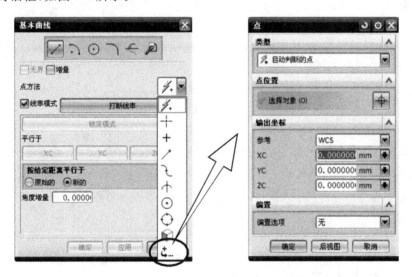

图 7-4　基本曲线点构造器

通过【点】创建点的方法主要分为四类，下面分别介绍。

1）特征点

特征点是指几何体上特殊位置处的点，如图 7-5 所示，包括曲线的终点、中点、控制点、交点、圆弧中心、象限点、已存点、点在曲线上和点在曲面上 9 种类型。

特征点的类型可在【点】构造器的【类型】下拉列表或者【捕捉点】工具条图 7-6 中指定。

➤　自动判断的点：该类型是最常用的选项，根据光标位置自动判断是下列所述的哪种特征点或者光标点。选择时光标右下角会显示相应类型的图标（光标点除外），其可同时激

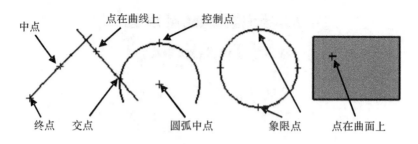

图 7-5　特征点类型

图 7-6　捕捉点种类

活多种特征点,被激活的特征点的命令图标呈现高亮显示状态,如图 7-7 所示,光标右下角显示的是端点的图标,在提示栏中也会有相应的提示。

图 7-7

➤ 现有点:在某个现有点上构造点,或通过选择某个现有点指定一个新点。

➤ 端点:在现有的直线、圆弧、二次曲线以及其他曲线的端点处指定一个点。

➤ 控制点:在几何对象的控制点处指定一个点。

➤ 交点:在两条曲线的交点处,或一条曲线和一个曲面或平面的交点处指定一个点。

➤ 圆弧中心/椭圆中心/球心:在圆弧、圆、椭圆的圆心或球的球心处指定一个点。

➤ 象限点:在一个圆弧或一个椭圆的四分点处指定一个点。

➤ 点在曲线/边上:在选择的曲线上指定一个点,并且可以通过设置 U 向参数来更改点在曲线上的位置。

➤ 面上的点:在选择的曲面上指定一个点,并且可以通过设置 U 向参数和 V 向参数来更改点在曲面上的位置。

➤ 两点之间:在两点之间指定一个点。

2)光标点

在光标点状态下,单击鼠标左键 MB1 即可在当前光标所在处创建一点。其实是当前光标所在位置投影至 XC-YC 平面内形成的点。

3)坐标点

在指定的坐标值处创建点。在【点构造器】的【坐标】组 XC、YC、ZC 文本框中输入点的坐标值,单击鼠标中键后,即可在指定坐标处创建一点。

4)偏置点

UG NX 一共提供了 5 种偏置点的生成方式,如图 7-8 所示。下面分别介绍:

➤ 直角坐标系:选择一个现有点,输入相对于现有点的 X、Y、Z 增量来创建点。

图 7-8　点命令偏置选项

➢ **圆柱坐标系**:选择一个现有点,输入半径、角度及 Z 增量来创建点。

➢ **球坐标系**:选择一个现有点,输入半径、角度 1 及角度 2 来创建点。

➢ **沿矢量**:选择一个现有点和一条直线,并输入距离来创建点。

➢ **沿曲线**:选择一个现有点和一条曲线,并输入圆弧长或圆弧长的百分比来创建点。

2. 拉伸

使用【拉伸】命令可以沿指定方向扫掠曲线、边、面、草图或曲线特征的 2D 或 3D 部分一段直线距离,由此来创建体如图 7-9 所示。拉伸过程中需要指定截面线、拉伸方向、拉伸距离。

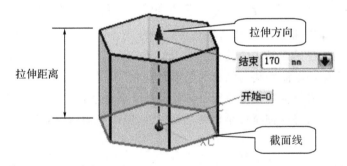

图 7-9　拉伸示意图

单击【特征】工具条上的【拉伸】命令,图标，弹出如图 7-10 所示的对话框。该对话框中各选项含义如下所述。

1)截面:指定要拉伸的曲线或边。

➢ 绘制截面：单击此图标,系统打开草图生成器,在其中可以创建一个处于特征内部的截面草图。在退出草图生成器时,草图被自动选作要拉伸的截面。

➢ 选择曲线：选择曲线、草图或面的边缘进行拉伸。系统默认选中该图标。在选

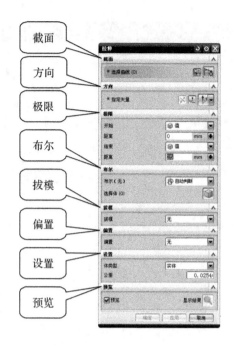

图 7-10　拉伸命令对话框

择截面时,注意配合【选择意图工具条】使用。

2)方向:指定要拉伸截面曲线的方向。

➢ 默认方向为选定截面曲线的法向,也可以通过【矢量对话框】和【自动判断的矢量】类型列表中的方法构造矢量。

➢ 单击反向 按钮或直接双击在矢量方向箭头,可以改变拉伸方向。

3)极限:定义拉伸特征的整体构造方法和拉伸范围。

➢ 值:指定拉伸起始或结束的值。

➢ 对称值:开始的限制距离与结束的限制距离相同。

➢ 直至下一个:将拉伸特征沿路径延伸到下一个实体表面,如图 7-11(a)所示。

➢ 直至选定对象:将拉伸特征延伸到选择的面、基准平面或体,如图 7-11(b)所示。

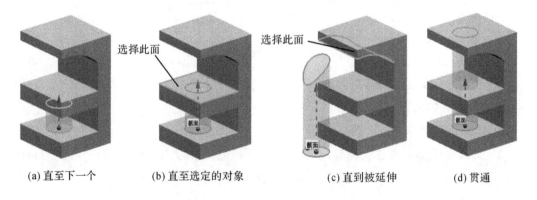

(a) 直至下一个　　　(b) 直至选定的对象　　　(c) 直到被延伸　　　(d) 贯通

图 7-11　极限项实现方式

➤ 直至延伸部分：截面在拉伸方向超出被选择对象时，将其拉伸到被选择对象延伸位置为止，如图 7-11(c)所示。

➤ 贯通：沿指定方向的路径延伸拉伸特征，使其完全贯通所有的可选体，如图 7-11(d)所示。

4）布尔

在创建拉伸特征时，还可以与存在的实体进行布尔运算。

注意，如果当前界面只存在一个实体，选择布尔运算时，自动选中实体；如果存在多个实体，则需要选择进行布尔运算的实体。

5）拔模：在拉伸时，为了方便出模，通常会对拉伸体设置拔模角度，共有 6 种拔模方式。

➤ 无：不创建任何拔模。

➤ 从起始限制：从拉伸开始位置进行拔模，开始位置与截面形状一样，如图 7-12(a)所示。

➤ 从截面：从截面开始位置进行拔模，截面形状保持不变，开始和结束位置进行变化，如图 7-12(b)所示。

➤ 从截面-非对称角：截面形状不变，起始和结束位置分别进行不同的拔模，两边拔模角可以设置不同角度，如图 7-12(c)所示。

➤ 从截面-对称角：截面形状不变，起始和结束位置进行相同的拔模，两边拔模角度相同，如图 7-12(d)所示。

➤ 从截面匹配的终止处：截面两端分别进行拔模，拔模角度不一样，起始端和结束端的形状相同，如图 7-12(e)所示。

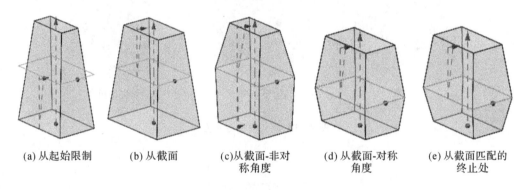

(a) 从起始限制   (b) 从截面   (c)从截面-非对称角度   (d) 从截面-对称角度   (e) 从截面匹配的终止处

图 7-12　拔模项实现方式

6）偏置：用于设置拉伸对象在垂直于拉伸方向上的延伸，共有 4 种方式。

无：不创建任何偏置。

➤ 单侧：向拉伸添加单侧偏置，如图 7-13(a)所示。

➤ 两侧：向拉伸添加具有起始和终止值的偏置，如图 7-13(b)所示。

➤ 对称：向拉伸添加具有完全相等的起始和终止值（从截面相对的两侧测量）的偏置，如图 7-13(c)所示。

7）设置：用于设置拉伸特征为片体或实体。要获得实体，截面曲线必须为封闭曲线或带

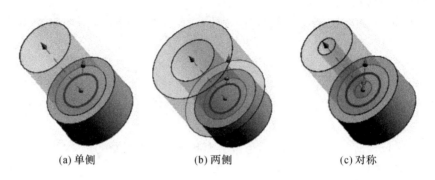

(a) 单侧　　　　　　　(b) 两侧　　　　　　　(c) 对称

图 7-13　偏置项实现方式

有偏置的非闭合曲线。

8）预览：用于观察设置参数后的变化情况。

3. 倒斜角

使用【倒斜角】命令，命令图标 ，可以将一个或多个实体的边缘截成斜角面。

倒斜角有三种类型：对称、非对称、偏置和角度，如图 7-14 所示。

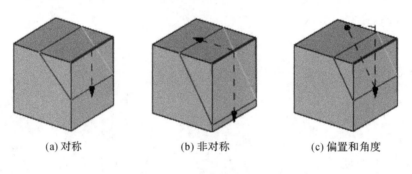

(a) 对称　　　　　　　(b) 非对称　　　　　　(c) 偏置和角度

图 7-14　倒斜角命令示意

7.3　实施过程

1. 创建基准 CSYS，如图 7-15 所示。

2. 使用【草图】命令，在 XC-YC 平面内创建草图，根据图纸制作零件最大轮廓曲线，如图 7-16 所示。

3. 使用【拉伸】命令，选取草图中曲线，根据图纸指示距离 61 拉伸得到零件主体，如图 7-17 所示。

4. 使用【拉伸】命令，选择零件主体边缘并通过偏置求差得到零件主体上的凸台，尺寸参照图纸指示，如图 7-18 所示。

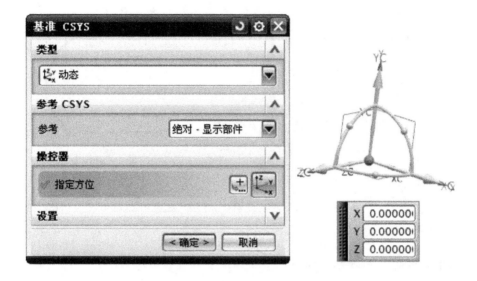

图 7-15　创建基准 CSYS

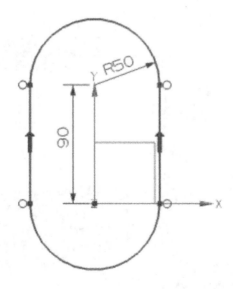

图 7-16　创建草图

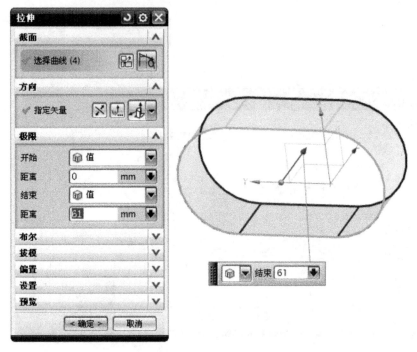

图 7-17　创建零件主体

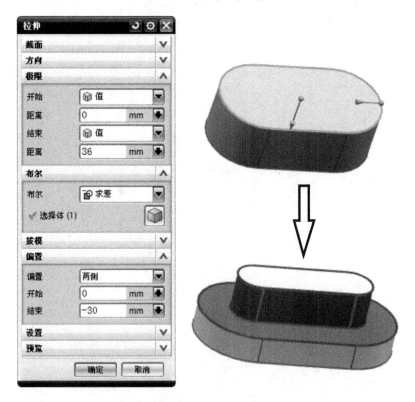

图 7-18　创建主体凸台

5. 使用【拉伸】命令,选择零件凸台边缘并通过求差得到凸台上的凹槽,尺寸参照图纸指示,如图 7-19 所示。

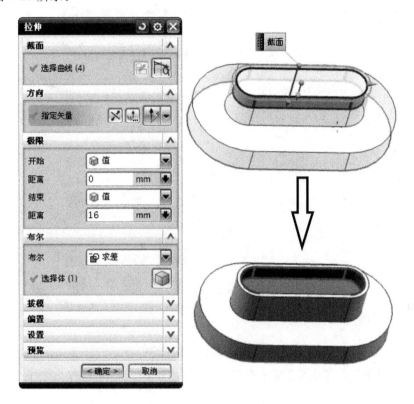

图 7-19　创建凸台凹槽

6. 使用【点】命令,根据图纸尺寸在零件主体平面内创建 10 个孔的中心点,如图 7-20 所示。

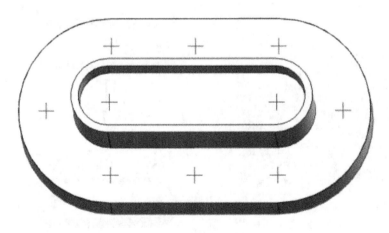

图 7-20　创建孔的中心点

7. 使用【孔】命令,在【成型】项选择沉头,根据图纸指示尺寸制作出 8 个沉头孔,如图 7-21 所示。

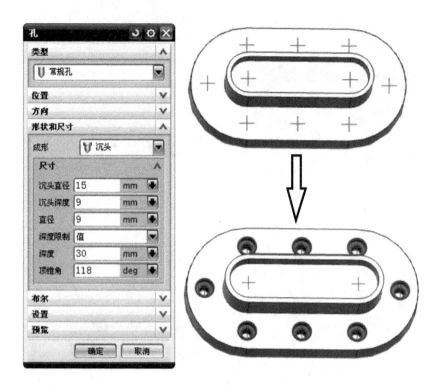

图 7-21　创建沉头孔

8. 使用【孔】命令，在【成型】项选择简单，根据图纸指示尺寸制作出 2 个简单通孔，如图 7-22 所示。

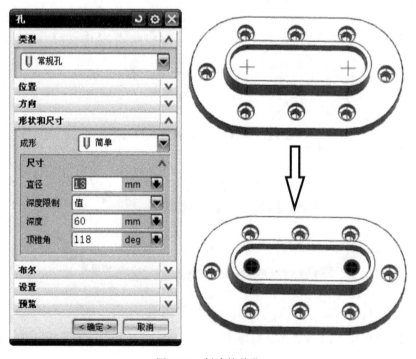

图 7-22　创建简单孔

9. 使用【边倒圆】命令，依照图纸制作 R12 的圆角，如图 7-23 所示。

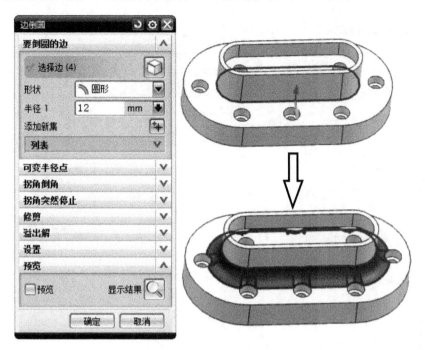

图 7-23　创建 R12 圆角

10. 使用【边倒圆】命令，依照图纸制作 R5 的圆角，如图 7-24 所示。

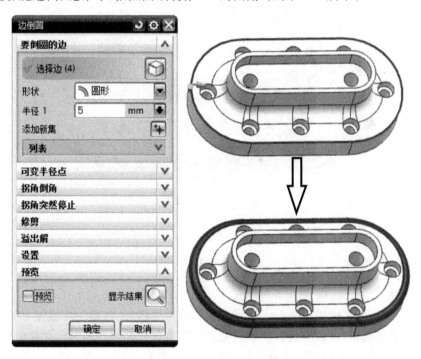

图 7-24　创建 R5 圆角

11. 使用【倒斜角】命令,选取凸台顶边的边缘进行倒斜角,如图 7-25 所示。

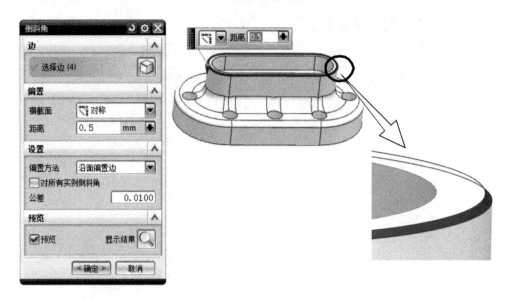

图 7-25　创建倒斜角

12. 最终模型,如图 7-26 所示。

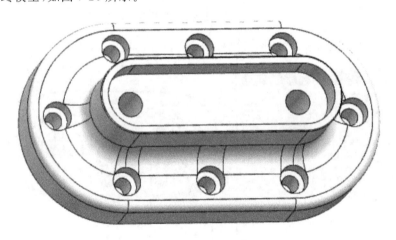

图 7-26　最终模型

7.4　总　结

连接块零件建模实例主要讲解了去材形式的建模思路,先创建一块整体,然后一步步去材,直至得到最终模型,最后在进行倒圆角和倒斜角修饰。同时在新命令讲解中重点讲解了【点】的功能和操作方式,可以使大家对【点】的理解和使用更进一步。通过本案例主要可以学到了一种新的建模方式方法。

第8章 反射镜零件建模

- 熟练使用 NX 软件的草图和实体命令。
- 熟练草图和实体结合使用的建模思路。
- 熟练完成反射镜零件的图纸建模。

- 参见光盘 08\ShiTi08-finish.prt。
- 参见光盘 08\ShiTi08.jpg。

- ★★☆☆☆

8.1 思路分解

8.1.1 案例说明

本案例根据图纸 ShiTi08.jpg 所示完成反射镜零件建模,如图 8-1 所示。

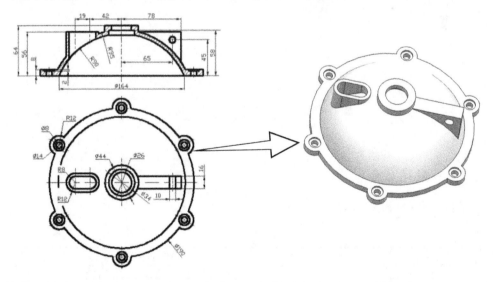

图 8-1 建模示意图

8.1.2 零件建模思路

通过观察图纸,可以看出反射镜由最基本的几何元素球体、圆柱体、长方体和孔组成,这些几何元素都可以由 UG 命令直接获得。根据零件特征,其建模思路可以采取加材法制作,先创建一个零件主体,然后再创建其他的特征基本体,并把这些基本体——布尔求和到一起,最后在体上进行打孔处理,得到最终数据。具体如图 8-2 所示。

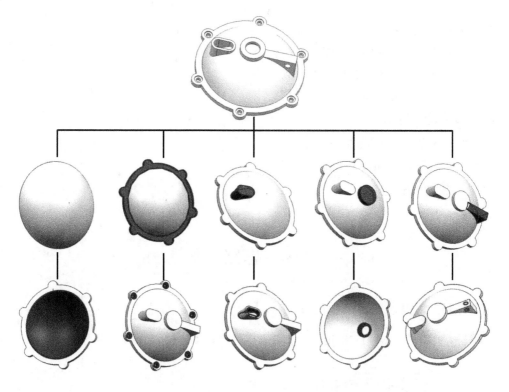

图 8-2　建模流程示意

8.2　知识链接

8.2.1 常用命令

本案例中使用到的 NX 命令参考,如表 8-1 所示。

表 8-1　常用命令

类别	命令名称
应用到命令	【草图】、【拉伸】、【孔】、【回转】

8.2.2　重点命令复习

1. 孔

通过【孔】命令可以在部件或装配中添加各种类型的孔特征，单击【特征】工具条上的【孔】命令，命令图标 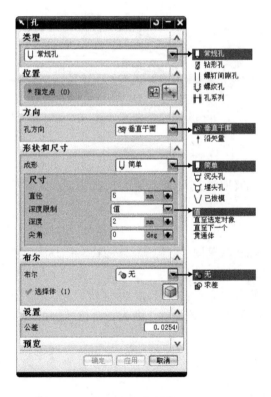，弹出如图 8-3 所示的对话框，该对话框中各选项的含义如下。

1）类型：孔的种类，包括常规孔、钻形孔、螺钉间隙孔、螺纹孔和孔系列。

2）位置：孔的中心点位置，可以通过草绘或选择参考点的方式来获得。

3）方向：孔的生成方向，包括垂直于面和沿矢量两种指定方法。

4）成形：孔的内部形状，包括简单孔、沉头孔、埋头孔及已拔模等形状的孔，如图 8-4 所示。

5）尺寸：孔的尺寸，包括直径、深度、尖角等。

➢ 直径：孔的直径。

➢ 深度限制：孔的深度方法，包括值、直至选定对象、直至下一个和贯通体。

➢ 深度：孔的深度，不包括尖角。

图 8-3　孔命令

2. 回转

使用【回转】可以使截面曲线绕指定轴回转一个非零角度，以此创建一个特征，如图 8-5 所示。

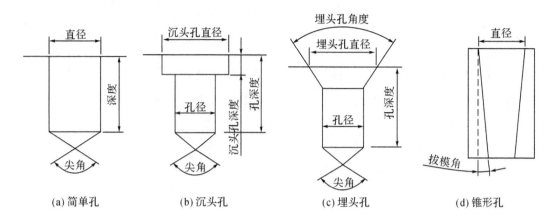

(a) 简单孔　　　　(b) 沉头孔　　　　(c) 埋头孔　　　　(d) 锥形孔

图 8-4　成形四选项

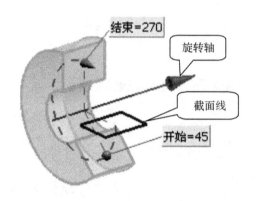

图 8-5　回转体

单击【特征】工具条上的【回转】命令图标，弹出如图 8-6 所示的对话框。该对话框中各选项含义如下所述。

1)截面

截面曲线可以是基本曲线、草图、实体或片体的边,并且可以封闭也可以不封闭。截面曲线必须在旋转轴的一边,不能相交。

2)轴:指定旋转轴和旋转中心点。

➢ 指定矢量:指定旋转轴。系统提供了两类指定旋转轴的方式,即【矢量构造器】和【自动判断】。

➢ 指定点:指定旋转中心点。系统提供了两类指定旋转中心点的方式,即【点构造器】和【自动判断】。

3)极限:用于设定旋转的起始角度和结束角度,有两种方法。

➢ 值:通过指定旋转对象相对于旋转轴的起始角度和终止角度来生成实体,在其后面的文本框中输入数值即可。

➢ 直至选定对象:通过指定对象来确定旋转的起始角度或结束角度,所创建的实体绕旋转轴接于选定对象表面。

图 8-6　回转命令示意

4）偏置：用于设置旋转体在垂直于旋转轴方向上的延伸。

➤ 无：不向回转截面添加任何偏置。

➤ 两侧：向回转截面的两侧添加偏置。

5）设置：在体类型设置为实体的前提下，以下情况将生成实体：

➤ 封闭的轮廓。

➤ 不封闭的轮廓，旋转角度为 360 度。

➤ 不封闭的轮廓，有任何角度的偏置或增厚。

3．草图

草图是 UG NX 软件中建立参数化模型的一个重要工具。草图与曲线功能相似，也是一个用来构建二维曲线轮廓的工具，其最大的特点是绘制二维图时只需先绘制出一个大致的轮廓，然后通过约束条件来精确定义图形。当约束条件改变时，轮廓曲线也自动发生改变，因而使用草图功能可以快捷、完整地表达设计者的意图。绘制草图的一般步骤如下：

➤ 新建或打开部件文件；在进入草图任务环境之前，必须先新建草图或打开已有的草图。单击【直接草图】工具条上的【草图】命令，命令图标，弹出【创建草图】对话框。对话框中包含两种创建草图的类型：在平面上和在轨迹上。如图 8-7 所示

➤ 检查和修改草图参数预设置；草图参数预设置是指在绘制草图之前，设置一些操作规定。这些规定可以根据用户自己的要求而个性化设置，但是建议这些设置能体现一定的意义，如草图首选项如图 8-8 所示。

➤ 创建和编辑草图对象；草图对象是指草图中的曲线和点。建立草图工作平面后，就

图 8-7　草图两种创建方法

(a) 草图样式选项卡　　　　　　　　　　　(b) 会话设置选项卡

图 8-8　草图首选项

可以直接绘制草图对象或者将图形窗口中的点、曲线、实体或片体上的边缘线等几何对象添加到草图中,如图 8-9 所示。

　　➤ 定义约束:约束限制草图的形状和大小,包括几何约束(限制形状)和尺寸约束(限制

图 8-9　草图绘制工具对话框

大小）。调用了【约束】命令后，系统会在未约束的草图曲线定义点处显示自由度箭头符号，也就是相互垂直的红色小箭头，红色小箭头会随着约束的增加而减少。当草图曲线完全约束后，自由度箭头也会全部消失，并在状态栏中提示"草图已完全约束"。草图主要的约束命令如图 8-10 所示。

图 8-10　草图约束的主要命令

➤ 完成草图，退出草图生成器。

8.3　实施过程

1. 创建基准 CSYS，如图 8-11 所示。

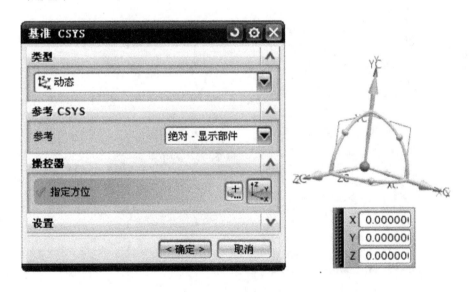

图 8-11　创建基准 CSYS

2. 使用【草图】命令，在 YC-ZC 平面内创建草图一，根据图纸制作零件最大轮廓曲线，如图 8-12 所示。

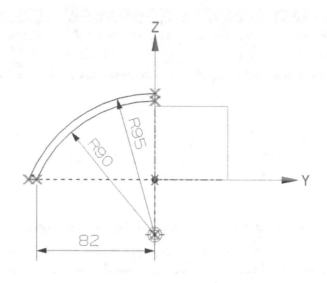

图 8-12　创建草图一

3. 使用【回转】命令,选取草图一中 R95 的圆弧,绕 Z 轴旋转 360°,得到零件主体,如图 8-13 所示。

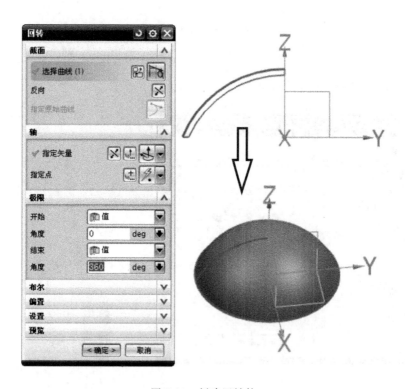

图 8-13　创建回转体

4. 使用【草图】命令,在 XC-YC 平面内创建草图二,根据图纸制作零件细节特征轮廓曲线,如图 8-14 所示。

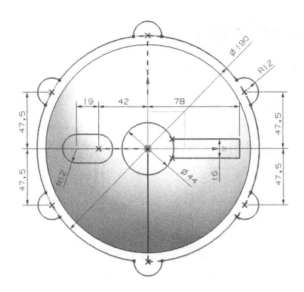

图 8-14　创建草图二

5. 使用【拉伸】命令，选择草图二边缘曲线，拉伸并和回旋体布尔求和成一体，如图 8-15 所示。

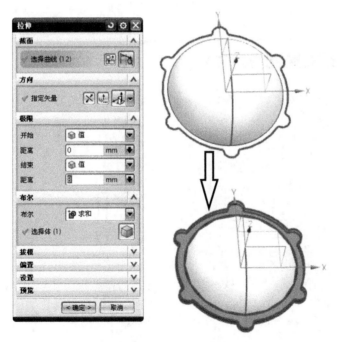

图 8-15　创建主体外圈特征

6. 使用【拉伸】命令，选择草图二中的跑道形曲线，拉伸并和零件主体布尔求和成一体，如图 8-16 所示。

7. 使用【拉伸】命令，选择草图二中的圆，根据图纸尺寸拉伸并和零件主体布尔求和成一体，得到凸台特征，如图 8-17 所示。

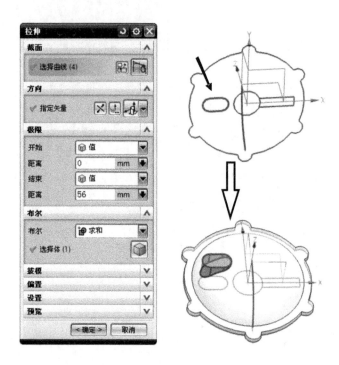

图 8-16　创建主体细节特征

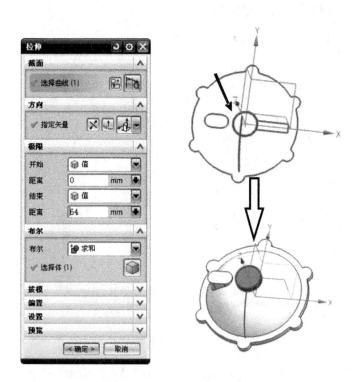

图 8-17　创建凸台特征

8. 使用【拉伸】命令，选择草图二矩形曲线，根据图纸尺寸拉伸并和零件布尔求和成一体，如图 8-18 所示。

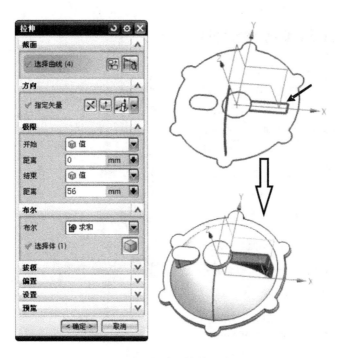

图 8-18　创建主体筋板特征

9. 使用【回转】命令，选取草图一中 R90 的圆弧，绕 Z 轴旋转 360°，和零件主体布尔求差在主体上求出凹形，如图 8-19 所示。

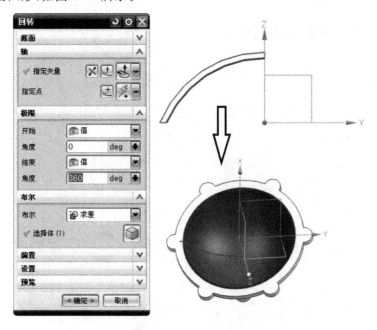

图 8-19　创建凹形特征

10. 使用【拉伸】命令，选择零件跑道形凸台的边缘并通过求差得到凸台上的缺口，尺寸参照图纸指示，如图 8-20 所示。

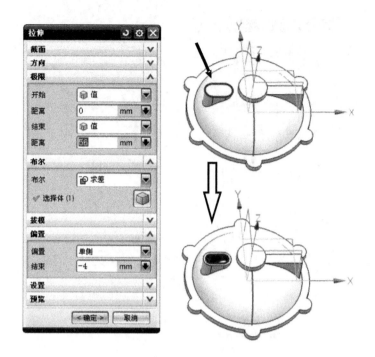

图 8-20　创建跑道型凸台缺口

11. 使用【拉伸】命令,选择零件圆形凸台的边缘并通过求差得到凸台上的缺口,尺寸参照图纸指示,如图 8-21 所示。

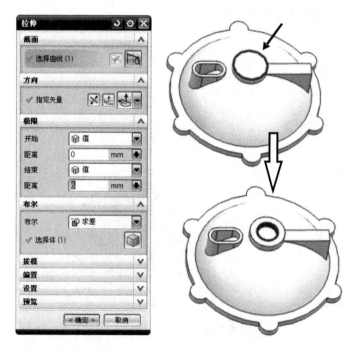

图 8-21　创建圆形凸台缺口

12. 使用【拉伸】命令，再次选择圆形凸台的边缘并通过求差得到贯穿的缺口，尺寸参照图纸指示，如图 8-22 所示。

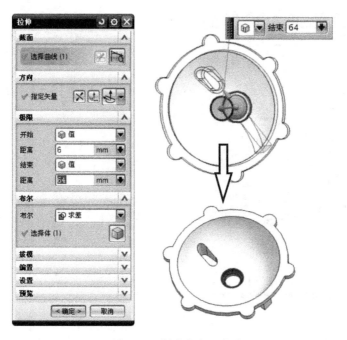

图 8-22　创建内表面台阶

13. 使用【孔】命令，在【成型】项选择沉头，选取外围轮廓的圆弧中心，根据图纸指示尺寸制作出 6 个沉头孔，如图 8-23 所示。

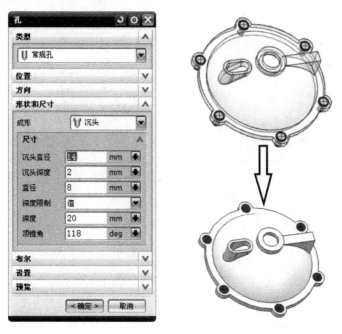

图 8-23　创建沉头孔

14. 使用【孔】命令,在【成型】项选择简单,根据图纸指示尺寸制作出打孔位置点,并创建出通孔,如图 8-24 所示。

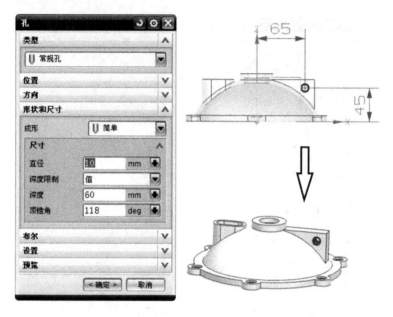

图 8-24　创建简单孔

15. 最终模型,如图 8-25 所示。

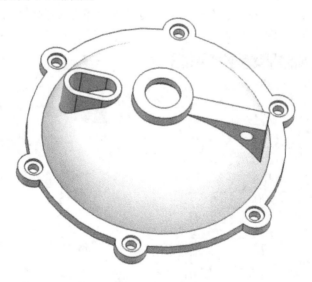

图 8-25　最终模型

8.4 总 结

反射镜零件建模实例主要讲解了加材形式的建模思路，先创建一个基本体，让后通过实体命令得到其他主体特征，通过布尔求和命令把所有主体求和到一起，最后在通过孔命令创建细节特征得到最终反射镜数据。本案例中新出现了【回转】命令，这个命令可以通过草图控制回转体的形状和特征，非常便于后期产品设计变更和修改。通过本案例主要可以学到了一种新的建模方式方法。

第 9 章　导向块零件建模

9.1　思路分解

9.1.1　案例说明

本案例根据图纸 ShiTi09.jpg 所示完成导向块零件建模,如图 9-1 所示。

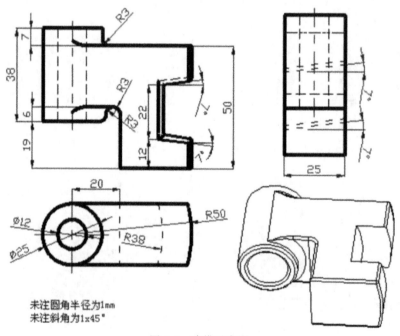

未注圆角半径为1mm
未注斜角为1x45°

图 9-1　建模示意图

9.1.2 零件建模思路

通过观察图纸,导向块零件可以分为主体一、主体二和连接桥三部分组成,这三部分都可以由基本的 UG 命令直接获得。所以根据零件特征,我们可以采取先主体再细节特征,最后使用倒角和拔模命令进行修饰,得到最终的实体。具体如图 9-2 所示。

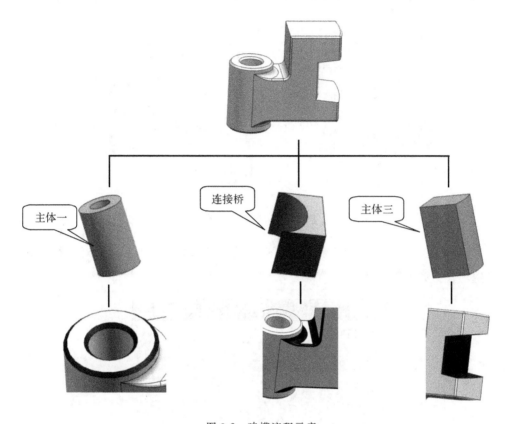

图 9-2　建模流程示意

9.2　知识链接

9.2.1　常用命令

本案例中使用到的 NX 命令参考,如表 9-1 所示。

表 9-1　常用命令

类别	命令名称
应用到命令	【草图】、【拉伸】、【边倒圆】、【倒斜角】、【拔模】

9.2.2 重点命令复习

1. 边倒圆

通过【边倒圆】命令可以使至少由两个面共享的边缘变光顺。倒圆时就像沿着被倒圆角的边缘滚动一个球,同时使球始终与在此边缘处相交的各个面接触。倒圆球在面的内侧滚动会创建圆形边缘(去除材料),在面的外侧滚动会创建圆角边缘(添加材料),如图 9-3 所示。

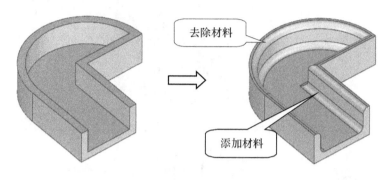

图 9-3　边倒圆示意图

单击【特征】工具条上的【边倒圆】命令图标  ,弹出如图 9-4 所示的对话框。该对话框中各选项含义如下所述。

图 9-4　边倒圆命令

1）要倒圆的边

此选项区主要用于倒圆边的选择与添加，以及倒角值的输入。若要对多条边进行不同圆角的倒角处理，则单击【添加新集】按钮即可。列表框中列出了不同倒角的名称、值和表达式等信息，如图 9-5 所示

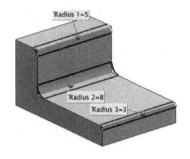

图 9-5　要倒圆的边项示意

2）可变半径点

通过向边倒圆添加半径值唯一的点来创建可变半径圆角，如图 9-6 所示。

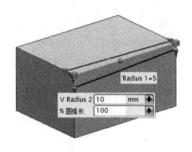

图 9-6　可变半径点项示意

3）拐角倒角

在三条线相交的拐角处进行拐角处理。选择三条边线后，切换至拐角栏，选择三条线的交点，即可进行拐角处理。可以改变三个位置的参数值来改变拐角的形状，如图 9-7 所示。

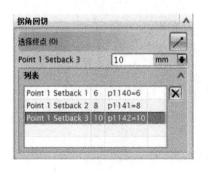
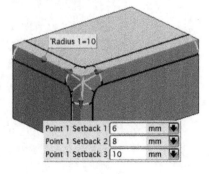

图 9-7　拐角倒角项示意

4）拐角突然停止

使某点处的边倒圆在边的末端突然停止，如图 9-8 所示。

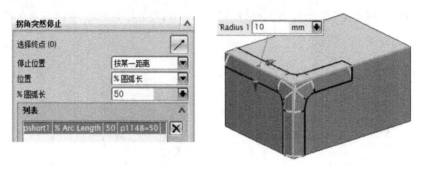

图 9-8　拐角突然停止项示意

5）修剪

可将边倒圆修剪至明确选定的面或平面，而不是依赖软件通常使用的默认修剪面，如图 9-9 所示。

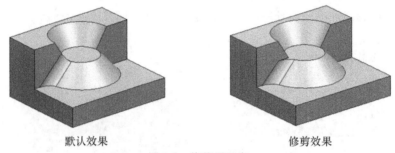

默认效果　　　　　　　　　　　　修剪效果

图 9-9　修剪项示意

6）溢出解

当圆角的相切边缘与该实体上的其他边缘相交时，就会发生圆角溢出。选择不同的溢出解，得到的效果会不一样，可以尝试组合使用这些选项来获得不同的结果。如图 9-10 所示为【溢出解】选项区。

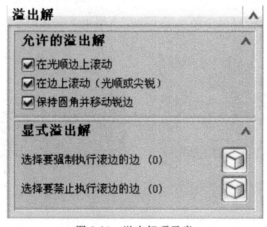

图 9-10　溢出解项示意

➢ 在光顺边上滚动：允许圆角延伸到其遇到的光顺连接（相切）面上。如图 9-11 所示，①溢出现有圆角的边的新圆角；②选择时，在光顺边上滚动会在圆角相交处生成光顺的共享边；③未选择在光顺边上滚动时，结果为锐共享边。

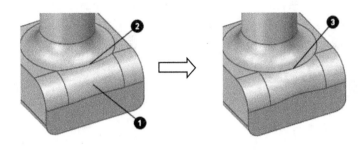

图 9-11　溢出解项示意一

➢ 在边上滚动（光顺或尖锐）：允许圆角在与定义面之一相切之前发生，并展开到任何边（无论光顺还是尖锐）上。如图 9-12 所示，①选择在边上滚动（光顺或尖锐）时，遇到的边不更改，而与该边所在面的相切会被超前；②未选择在边上滚动（光顺或尖锐）时，遇到的边发生更改，且保持与该边所属面的相切。

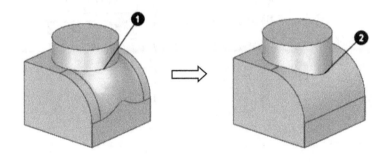

图 9-12　溢出解项示意二

➢ 保持圆角并移动锐边：允许圆角保持与定义面的相切，并将任何遇到的面移动到圆角面。如图 9-13 所示，①选择在锐边上保持圆角选项的情况下预览边倒圆过程中遇到的边；②生成的边倒圆显示保持了圆角相切。

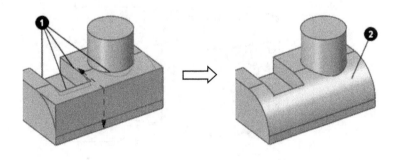

图 9-13　溢出解项示意三

7)设置:选项区主要是控制输出操作的结果。

➤ 凸/凹 Y 处的特殊圆角:使用该复选框,允许对某些情况选择两种 Y 型圆角之一,如图 9-14 所示。

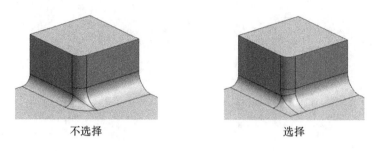

不选择   选择

图 9-14   Y 型圆角示意

➤ 移除自相交:在一个圆角特征内部如果产生自相交,可以使用该选项消除自相交的情况,增加圆角特征创建的成功率。

➤ 拐角回切:在产生拐角特征时,可以对拐角的样子进行改变,如图 9-15 所示。

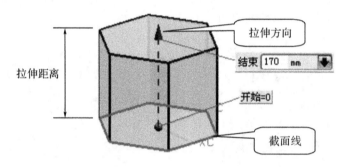

图 9-15   拐角回切示意

2. 拉伸

使用【拉伸】命令可以沿指定方向扫掠曲线、边、面、草图或曲线特征的 2D 或 3D 部分一段直线距离,由此来创建体如图 9-16 所示。拉伸过程中需要指定截面线、拉伸方向、拉伸距离。

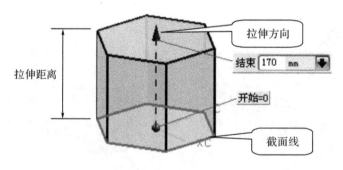

图 9-16   拉伸示意图

单击【特征】工具条上的【拉伸】命令,图标 ,弹出如图 9-17 所示的对话框。该对话框中各选项含义如下所述。

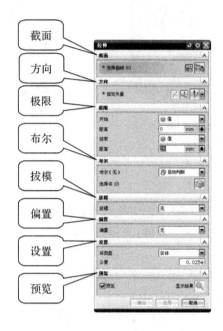

图 9-17　拉伸命令对话框

1)截面:指定要拉伸的曲线或边。

绘制截面 :单击此图标,系统打开草图生成器,在其中可以创建一个处于特征内部的截面草图。在退出草图生成器时,草图被自动选作要拉伸的截面。

➢ 选择曲线 :选择曲线、草图或面的边缘进行拉伸。系统默认选中该图标。在选择截面时,注意配合【选择意图工具条】使用。

2)方向:指定要拉伸截面曲线的方向。

➢ 默认方向为选定截面曲线的法向,也可以通过【矢量对话框】和【自动判断的矢量】类型列表中的方法构造矢量。

单击反向 按钮或直接双击在矢量方向箭头,可以改变拉伸方向。

3)极限:定义拉伸特征的整体构造方法和拉伸范围。

➢ 值:指定拉伸起始或结束的值。

➢ 对称值:开始的限制距离与结束的限制距离相同。

➢ 直至下一个:将拉伸特征沿路径延伸到下一个实体表面,如图 9-18(a)所示。

➢ 直至选定对象:将拉伸特征延伸到选择的面、基准平面或体,如图 9-18(b)所示。

➢ 直至延伸部分:截面在拉伸方向超出被选择对象时,将其拉伸到被选择对象延伸位置为止,如图 9-18(c)所示。

➢ 贯通:沿指定方向的路径延伸拉伸特征,使其完全贯通所有的可选体,如图 9-18(d)所示。

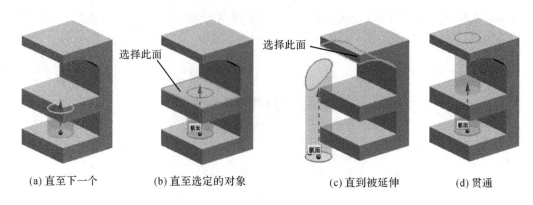

(a) 直至下一个　　　(b) 直至选定的对象　　　(c) 直到被延伸　　　(d) 贯通

图 9-18　极限项实现方式

4）布尔

在创建拉伸特征时，还可以与存在的实体进行布尔运算。

注意，如果当前界面只存在一个实体，选择布尔运算时，自动选中实体；如果存在多个实体，则需要选择进行布尔运算的实体。

5）拔模：在拉伸时，为了方便出模，通常会对拉伸体设置拔模角度，共有 6 种拔模方式。

➤ 无：不创建任何拔模。

➤ 从起始限制：从拉伸开始位置进行拔模，开始位置与截面形状一样，如图 9-19（a）所示。

➤ 从截面：从截面开始位置进行拔模，截面形状保持不变，开始和结束位置进行变化，如图 9-19（b）所示。

➤ 从截面-非对称角：截面形状不变，起始和结束位置分别进行不同的拔模，两边拔模角可以设置不同角度，如图 9-19（c）所示。

➤ 从截面-对称角：截面形状不变，起始和结束位置进行相同的拔模，两边拔模角度相同，如图 9-19（d）所示。

➤ 从截面匹配的终止处：截面两端分别进行拔模，拔模角度不一样，起始端和结束端的形状相同，如图 9-19（e）所示。

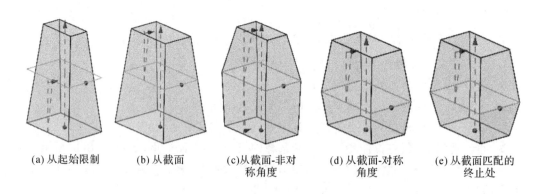

(a) 从起始限制　　(b) 从截面　　(c) 从截面-非对称角度　　(d) 从截面-对称角度　　(e) 从截面匹配的终止处

图 9-19　拔模项实现方式

6)偏置:用于设置拉伸对象在垂直于拉伸方向上的延伸,共有 4 种方式。

➢ 无:不创建任何偏置。

➢ 单侧:向拉伸添加单侧偏置,如图 9-20(a)所示。

➢ 两侧:向拉伸添加具有起始和终止值的偏置,如图 9-20(b)所示。

➢ 对称:向拉伸添加具有完全相等的起始和终止值(从截面相对的两侧测量)的偏置,如图 9-20(c)所示。

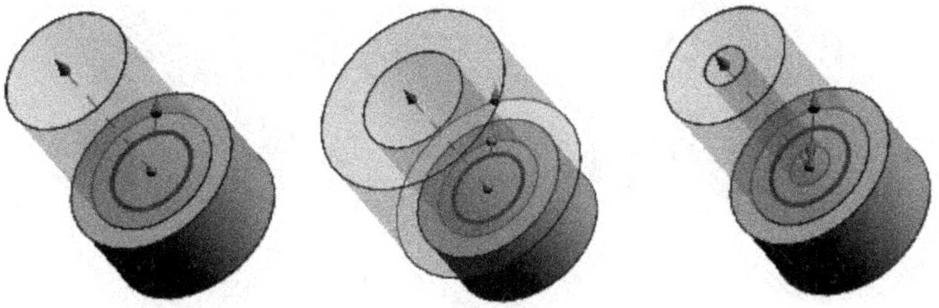

(a) 单侧　(b) 两侧　(c) 对称

图 9-20　偏置项实现方式

7)设置:用于设置拉伸特征为片体或实体。要获得实体,截面曲线必须为封闭曲线或带有偏置的非闭合曲线。

8)预览:用于观察设置参数后的变化情况。

3. 拔模

使用【拔模】命令可以将实体模型上的一张或多张面修改成带有一定倾角的面。拔模操作在模具设计中非常重要,若一个产品存在倒拔模的问题,则该模具将无法脱模。

单击【特征操作】工具条中的【拔模】命令,命令图标,弹出如图 9-21 所示的对话框。

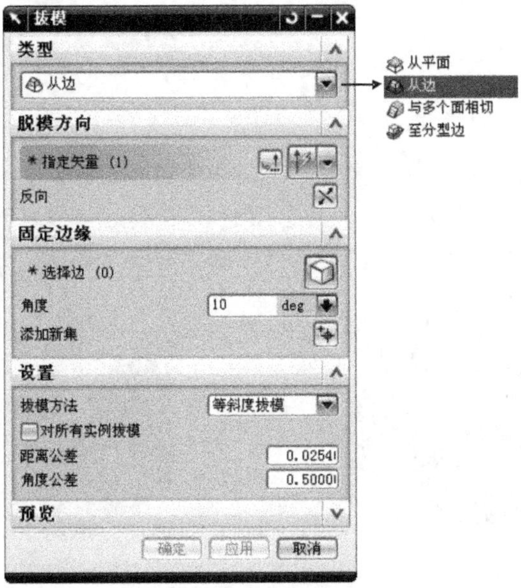

图 9-21　拔模命令

共有四种拔模操作类型:【从平面】、【从边】、【与多个面相切】以及【至分型边】,其中前两种操作最为常用。

1)从平面

从固定平面开始,与拔模方向成一定的拔模角度,对指定的实体进行拔模操作,如图 9-22 所示。

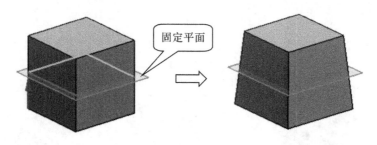

图 9-22　从平面拔模

所谓固定平面是指该处的尺寸不会改变。

2)从边

从一系列实体的边缘开始,与拔模方向成一定的拔模角度,对指定的实体进行拔模操作,如图 9-23 所示。

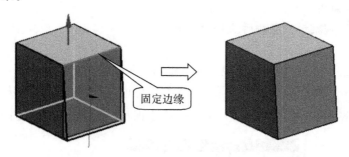

图 9-23　从边拔模

3)与多个面相切

与多个面相切:如果拔模操作需要在拔模操作后保持要拔模的面与邻近面相切,则可使用此类型。此处,固定边缘未被固定,而是移动的,以保持选定面之间的相切约束,选择相切面时一定要将拔模面和相切面一起选中,这样才能创建拔模特征。如图 9-24 所示。

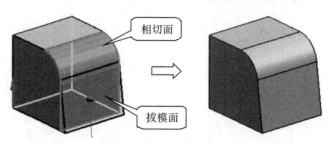

图 9-24　与多个面相切拔模

4）至分型边

主要用于分型线在一张面内，对分型线的单边进行拔模，在创建拔模之前，必须通过"分割面"命令用分型线分割其所在的面。如图 9-25 所示。

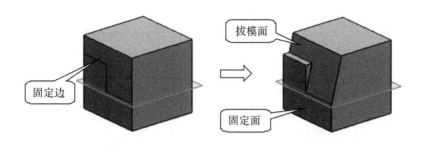

图 9-25　按照分型边拔模

9.3　实施过程

1. 创建基准 CSYS，如图 9-26 所示。

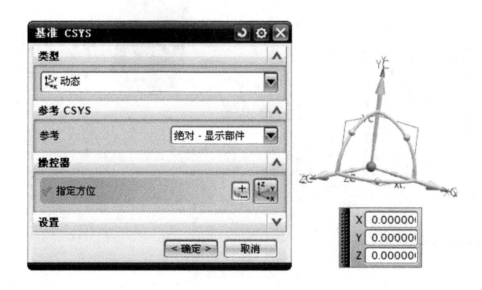

图 9-26　创建基准 CSYS

2. 使用【草图】命令,在 YC-ZC 平面内,根据图纸创建草图,如图 9-27 所示。

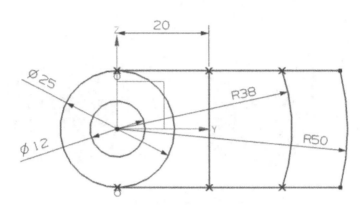

图 9-27　创建草图

3. 使用【拉伸】命令,选取草图中的圆创建主体一,如图 9-28 所示。

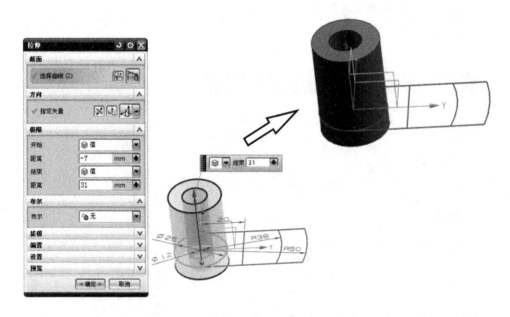

图 9-28　创建主体一

4．使用【拉伸】命令，创建主体一和主体二中间的连接桥，如图 9-29 所示。

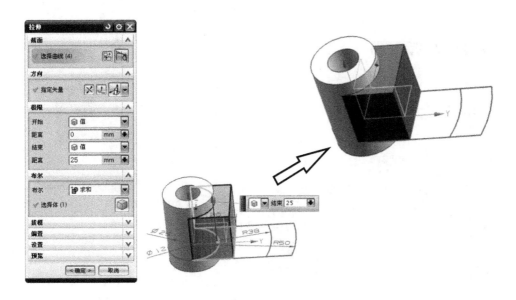

图 9-29　创建连接桥

5．使用【拉伸】命令，创建主体二，如图 9-30 所示。

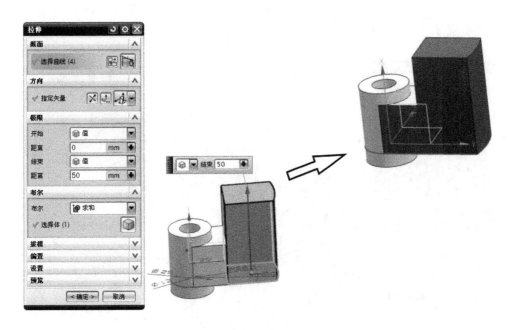

图 9-30　创建主体二实体

6. 使用【拉伸】命令，通过命令中的布尔运算，得到主体二中的缺口特征，如图 9-31 所示。

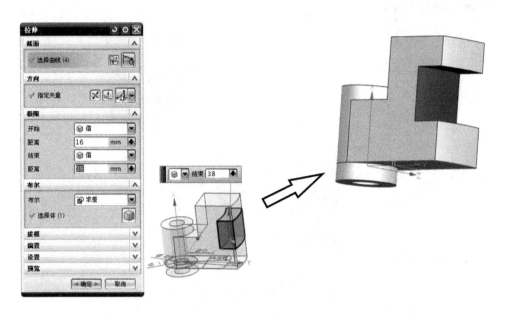

图 9-31　创建主体二上特征

7. 使用【拔模】命令，对主体二的两个缺口面沿着 Y 方向进行拔模，如图 9-32 所示。

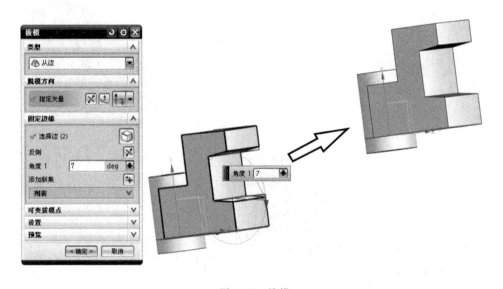

图 9-32　拔模

8. 使用【拔模】命令，对主体二的其中一个缺口面沿着 Z 方向进行拔模，如图 9-33 所示。

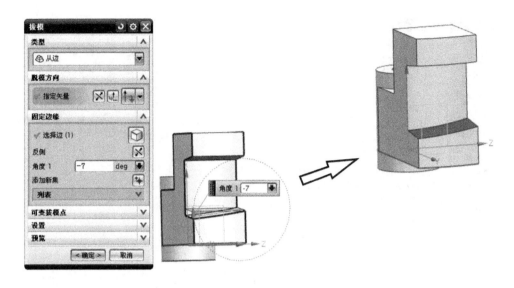

图 9-33　拔模

9. 使用【拔模】命令，对主体二的另一个缺口面沿着 Z 方向进行拔模，如图 9-34 所示。

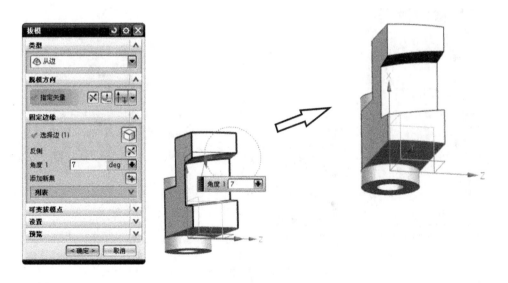

图 9-34　拔模

10. 使用【边倒圆】命令,对和连接桥相交的部分进行圆角处理,如图 9-35 所示。

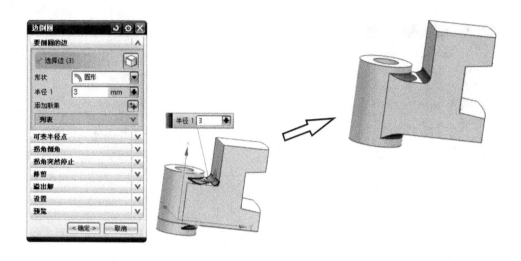

图 9-35　创建倒圆角

11. 使用【边倒圆】命令,对主体二的断边进行圆角处理,,如图 9-36 所示。

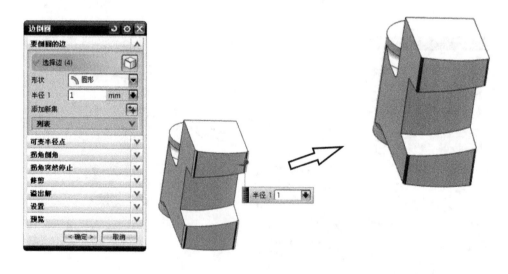

图 9-36　创建倒圆角

12. 使用【边倒圆】命令,对主体二连边进行圆角处理,,如图 9-37 所示。

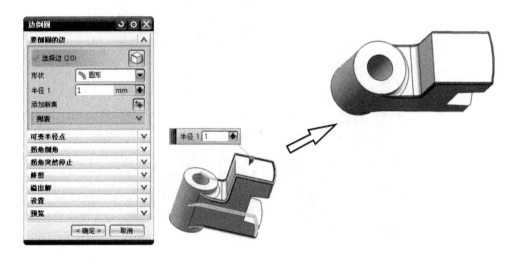

图 9-37　创建倒圆角

13. 使用【倒斜角】命令,对主体一进行斜角处理,如图 9-38 所示。

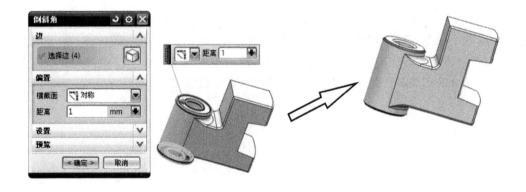

图 9-38　创建倒斜角

14. 最终模型,如图 9-39 所示。

图 9-39　最终模型

9.4　总　结

　　导向块零件建模实例是草图与实体命令相结合完成的案例,但在本案例中新出现了【拔模】命令,这个命令可以将实体模型上的一张或多张面修改成带有一定倾角的面,它常用于注塑模的零件设计,方便进行产品的脱模处理。通过本案例主要为了继续熟练草图制作和实体命令结合的产品设计的基本思路,同时掌握新命令【拔模】。

第 10 章　转向节零件建模

项目要求

- 熟练使用 NX 软件的草图和实体命令。
- 了解和掌握草图和实体结合使用的建模思路。
- 熟练完成转向节零件的图纸建模。

配套资源

- 参见光盘 10\ShiTi10-finish. prt。
- 参见光盘 10\ShiTi10. jpg。

难度系数

- ★★★☆☆

10.1　思路分解

10.1.1　案例说明

本案例根据图纸 ShiTi10. jpg 所示完成转向节零件建模,如图 10-1 所示。

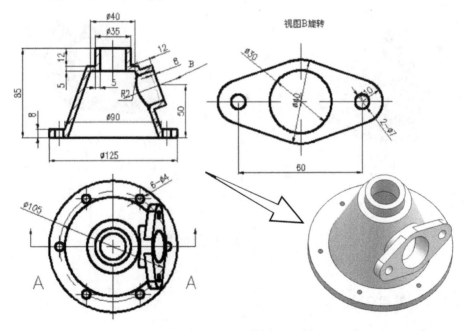

图 10-1　建模示意图

10.1.2 零件建模思路

通过观察图纸,可以看出转向节零件由圆锥体、圆柱体和孔等最基本的几何元素等组成,这些几何元素都可以由 UG 命令直接获得。所以根据零件特征,可以先创建转向节零件的主体一和主体二,然后分别在其主体上进行打孔制作,最终使用边倒圆命令修饰,从而得到最终数据。具体如图 10-2 所示:

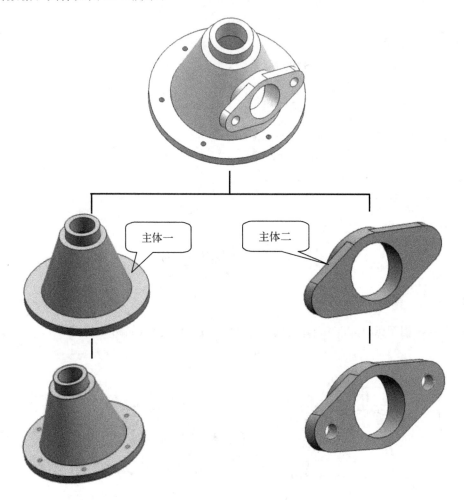

图 10-2 建模流程示意

10.2 知识链接

10.2.1 常用命令

本案例中使用到的 NX 命令参考,如表 10-1 所示。

表 10-1　常用命令

类别	命令名称
应用到命令	【草图】、【回转】、【边倒圆】、【拉伸】【相交曲线】、【基准平面】、【阵列面】

10.2.2　重点命令复习

1. 草图

草图是 UG NX 软件中建立参数化模型的一个重要工具。草图与曲线功能相似,也是一个用来构建二维曲线轮廓的工具,其最大的特点是绘制二维图时只需先绘制出一个大致的轮廓,然后通过约束条件来精确定义图形。当约束条件改变时,轮廓曲线也自动发生改变,因而使用草图功能可以快捷、完整地表达设计者的意图。绘制草图的一般步骤如下:

➢ 新建或打开部件文件;在进入草图任务环境之前,必须先新建草图或打开已有的草图。单击【直接草图】工具条上的【草图】命令,命令图标，弹出【创建草图】对话框。对话框中包含两种创建草图的类型:在平面上和在轨迹上。如图 10-3 所示

图 10-3　草图两种创建方法

➢ 检查和修改草图参数预设置;草图参数预设置是指在绘制草图之前,设置一些操作规定。这些规定可以根据用户自己的要求而个性化设置,但是建议这些设置能体现一定的意义,如草图首选项如图 10-4 所示。

➢ 创建和编辑草图对象;草图对象是指草图中的曲线和点。建立草图工作平面后,就可以直接绘制草图对象或者将图形窗口中的点、曲线、实体或片体上的边缘线等几何对象添加到草图中,如图 10-5 所示。

➢ 定义约束;约束限制草图的形状和大小,包括几何约束(限制形状)和尺寸约束(限制大小)。调用了【约束】命令后,系统会在未约束的草图曲线定义点处显示自由度箭头符号,

(a) 草图样式选项卡

(b) 会话设置选项卡

图 10-4　草图首选项

图 10-5　草图绘制工具对话框

也就是相互垂直的红色小箭头,红色小箭头会随着约束的增加而减少。当草图曲线完全约束后,自由度箭头也会全部消失,并在状态栏中提示"草图已完全约束"。草图主要的约束命令如图 10-6 所示。

图 10-6　草图约束的主要命令

➢ 完成草图,退出草图生成器。

2. 回转

使用【回转】可以使截面曲线绕指定轴回转一个非零角度,以此创建一个特征,如图 10-7 所示。

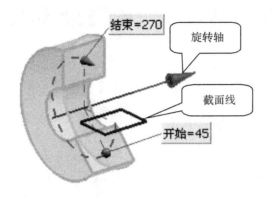

图 10-7　回转体

单击【特征】工具条上的【回转】命令图标 🦃，弹出如图 10-8 所示的对话框。该对话框中各选项含义如下所述。

1）截面

截面曲线可以是基本曲线、草图、实体或片体的边，并且可以封闭也可以不封闭。截面曲线必须在旋转轴的一边，不能相交。

2）轴：指定旋转轴和旋转中心点。

➢ 指定矢量：指定旋转轴。系统提供了两类指定旋转轴的方式，即【矢量构造器】和【自动判断】。

➢ 指定点：指定旋转中心点。系统提供了两类指定旋转中心点的方式，即【点构造器】和【自动判断】。

3）极限：用于设定旋转的起始角度和结束角度，有两种方法。

➢ 值：通过指定旋转对象相对于旋转轴的起始角度和终止角度来生成实体，在其后面的文本框中输入数值即可。

➢ 直至选定对象：通过指定对象来确定旋转的起始角度或结束角度，所创建的实体绕旋转轴接于选定对象表面。

4）偏置：用于设置旋转体在垂直于旋转轴方向上的延伸。

➢ 无：不向回转截面添加任何偏置。

➢ 两侧：向回转截面的两侧添加偏置。

5）设置：在体类型设置为实体的前提下，以下情况将生成实体：

➢ 封闭的轮廓。

➢ 不封闭的轮廓，旋转角度为 360 度。

➢ 不封闭的轮廓，有任何角度的偏置或增厚。

3. 相交曲线

使用【相交曲线】命令可以在两组对象间创建相交曲线。单击【曲线】工具条上的【相交曲线】命令图标 ⬦，弹出【相交曲线】对话框，如图 10-9 所示。

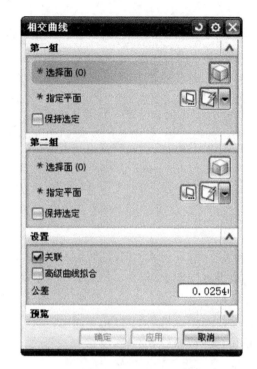

图 10-8　回转命令示意　　　　　　　　图 10-9　相交曲线命令

【相交曲线】命令使用如图 10-10 所示,选择管道的外表面作为第一组面,单击 MB2,然后选择基准平面作为第二组面。单击【确定】按钮得到相交曲线。

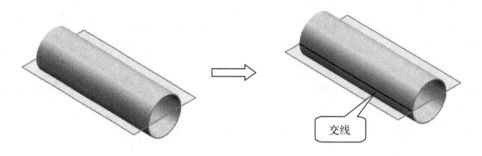

交线

图 10-10　相交曲线命令使用

4. 基准平面

通过【基准平面】命令可以建立一平面的参考特征,以帮助定义其他特征。单击【特征】工具条上的【基准平面】命令,命令图标 ,弹出如图 10-11 所示的对话框。常用的几种【基准平面】对话框的【类型】含义如下。

➢ 自动判断:根据用户选择的对象,自动判断并生成基准平面。

➢ 按某一距离:所创建的基准平面与指定的面平行,其间隔距离由用户指定。需要指定两个参数:参考平面、距离值。

➢ 成一角度:所创建的基准平面通过指定的轴,且与指定的平面成指定的角度。

➢ 曲线和点:其子类型有:曲线和点、一点、两点、三点、点和曲线/轴、点和平面/面等。

图 10-11 基准平面命令

常用的有三点、曲线和点。三点方式下只需任意选择三点,即可创建通过所选三点的基准平面。"曲线和点"方式则创建一个通过指定的点,且与所选择的曲线垂直的基准平面。需要指定两个参数:平面通过的点、平面垂直的曲线。

➢ 两直线:根据所选择的两直线创建基准平面。若两条直线共面,则所创建的基准平面通过指定的两条直线;反之,则所创建的基准平面通过第一条直线,且与第二条直线平行。

➢ 在曲线上:所创建的基准平面通过曲线上的一点,且与曲线垂直。

5. 阵列面

使用【阵列面】命令可以在矩形或圆形阵列中复制一组面,或者将其镜像并添加到体中,单击【特征操作】工具条上的【阵列面】命令图标，弹出如图 10-12 所示的对话框。

按排列方式不同,主要可分为矩形阵列和圆形阵列。

1)矩形阵列,将指定的曲面平行于 XC 轴和 YC 轴复制成二维或一维的矩形阵列,如图 10-13 所示。在创建矩形阵列特征时,注意配合坐标系的调整,因为矩形阵列特征只能在 XC-YC 平面或其平行平面内进行,并且生成的实例阵列平行于 XC 和/或 YC 轴。

2)圆形阵列,将指定的曲面绕指定轴线复制成环形阵列,如图 10-14 所示。

图 10-12 阵列面命令

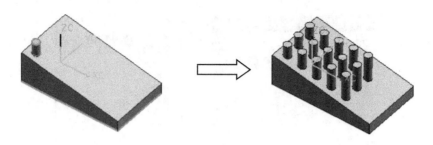

图 10-13　矩形阵列

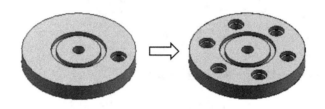

图 10-14　圆形阵列

10.3　实施过程

1. 创建基准 CSYS,如图 10-15 所示。

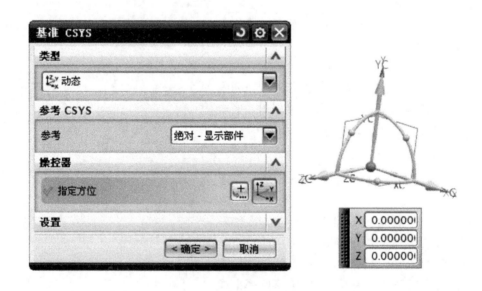

图 10-15　创建基准 CSYS

2. 使用【草图】命令,在 YC-ZC 平面内创建草图一,根据图纸制作零件主体的断面草图,如图 10-16 所示。

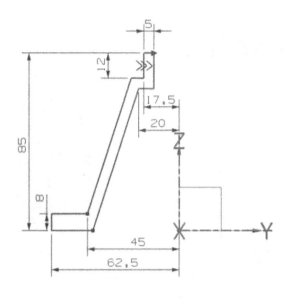

图 10-16　创建草图一

3. 使用【回转】命令,选取草图一中所有曲线,绕 Z 轴旋转 360°,得到零件主体,如图 10-17 所示。

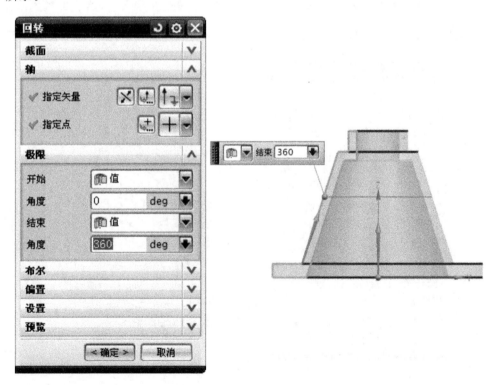

图 10-17　创建回转体

4. 使用【相交曲线】命令,选择零件主体的表面和基准 CSYS 的 XC-ZC 平面相交,求得两条相交线,如图 10-18 所示。

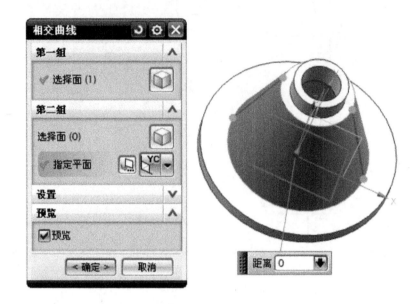

图 10-18　创建相交线

5. 使用【基准平面】命令,类型选择相切,相切类型选择通过线条项,然后选择主体面和曲线,得到基准平面一,如图 10-19 所示。

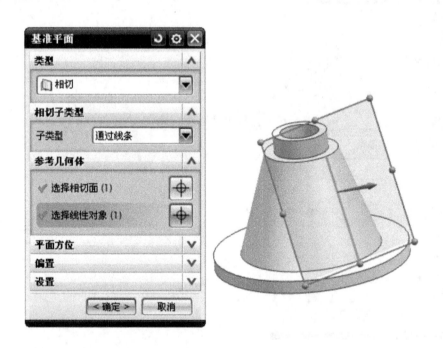

图 10-19　创建基准平面一

6. 使用【基准平面】命令,类型选择按某一距离,选择基准平面一偏置距离 12,得到基准平面二,如图 10-20 所示。

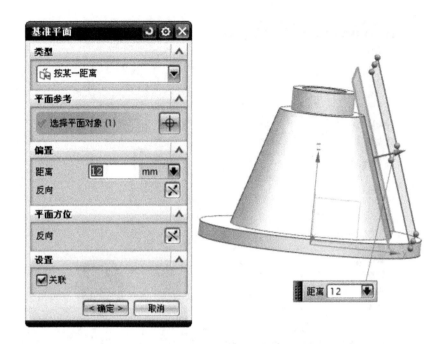

图 10-20　创建基准平面二

7. 使用【草图】命令,在基准平面二内创建草图二,根据图纸制作机构草图,如图 10-21
所示。

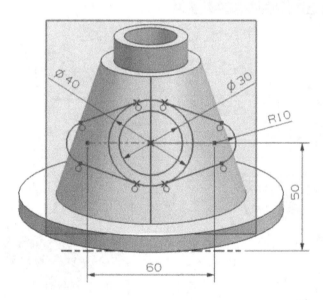

图 10-21　创建草图二

8. 使用【拉伸】命令,选择草图二中φ40 的圆,拉伸并和零件主体布尔求和成一体,如图
10-22 所示。

9. 使用【拉伸】命令,选择草图二中的最大轮廓,根据图纸尺寸拉伸并和零件主体布尔
求和成一体,得到耳朵特征,如图 10-23 所示。

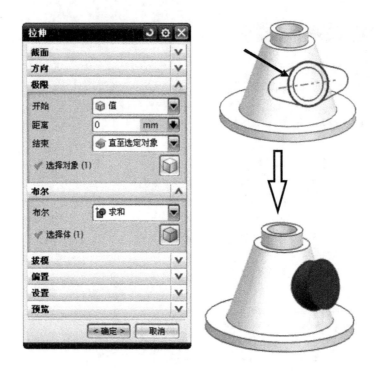

图 10-22　创建主体细节特征

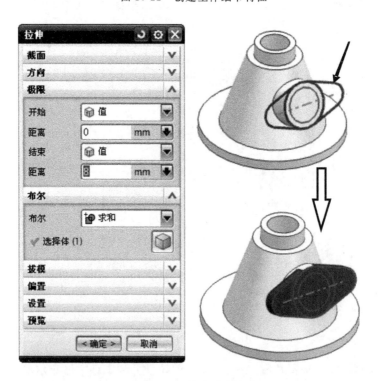

图 10-23　创建耳朵特征

10. 使用【拉伸】命令,选择草图二中φ30 的圆,根据图纸尺寸拉伸并和零件主体布尔求差出一个圆孔,如图 10-24 所示。

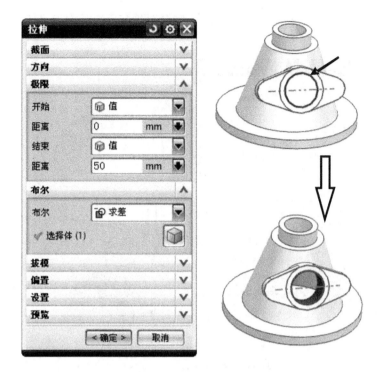

图 10-24　创建圆孔

11.使用【孔】命令,在【成型】项选择简单,根据图纸指示选择轮廓的圆弧中心作为打孔位置点,创建 2 个通孔,如图 10-25 所示。

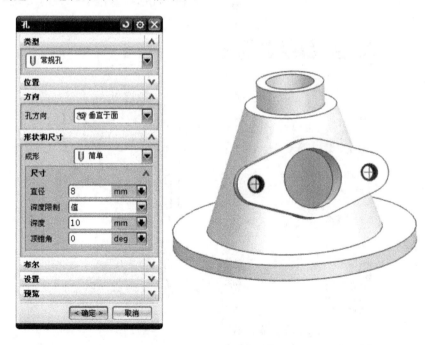

图 10-25　创建 2 个简单孔

12. 使用【孔】命令,在【成型】项选择简单,根据图纸指示在主体底面创建一个通孔,如图 10-26 所示。

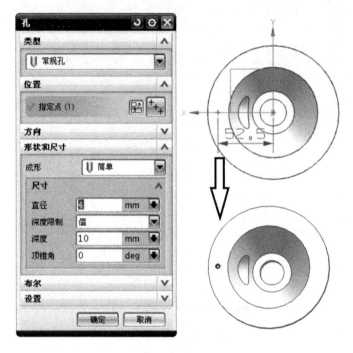

图 10-26　创建简单孔

13. 使用【阵列面】命令,在【类型】项选择圆形阵列,选择基准 CSYS 的 Z 轴为旋转中心,根据图纸指示在主体底面创建六个通孔,如图 10-27 所示。

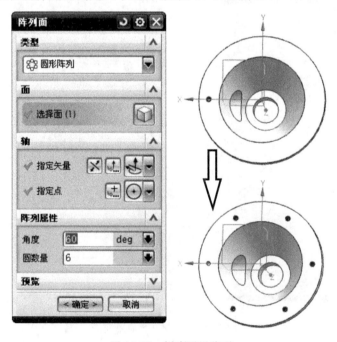

图 10-27　创建圆形阵列

14. 使用【边倒圆】命令,按照图纸选取 R2.0 的边进行倒圆,如图 10-28 所示。

图 10-28　创建 R1.3 圆角

15. 最终模型,如图 10-29 所示。

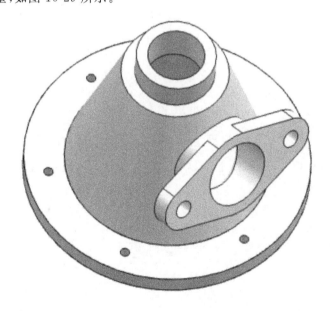

图 10-29　最终模型

10.4 总 结

转向节零件建模实例是草图与实体命令相结合才能完成的案例,本案例比前面介绍的案例略微复杂一些,因为需要辅助面才能制作出草图二的步骤。同时本案例中新出现了【相交曲线】、【基准平面】和【阵列面】三个命令的使用,其中【阵列面】命令可以简化相同规律特征的建模。通过本案例的学习,可以继续熟练草图制作和实体命令结合的产品设计的基本思路。

第 11 章　小家电外壳零件建模

项目要求

- 熟练使用 NX 部分命令。
- 掌握本案例的建模思路。
- 熟练完成小家电外壳零件的图纸建模。

配套资源

- 参见光盘 11\ShiTi11-finish.prt。
- 参见光盘 11\ShiTi11.jpg。

难度系数

- ★★★★☆

11.1　思路分解

11.1.1　案例说明

本案例根据图纸 ShiTi11.jpg 所示完成小家电外壳零件建模,如图 11-1 所示。

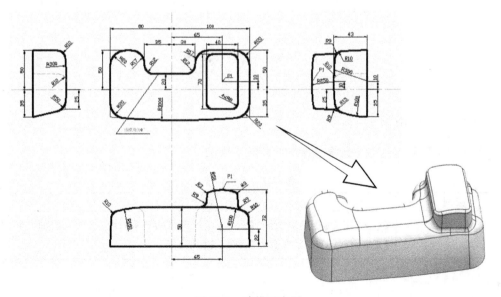

图 11-1　建模示意图

11.1.2 零件建模思路

通过观察图纸,小家电外壳由主体和凸台两个主体组成,而每个主体都有很多圆角。为了使制作的数据和图纸保持一致,一定要掌握倒圆的先后顺序。所以根据小家电外壳的特征,其建模思路为先制作主体再倒圆角,然后使用布尔运算求和,最后在倒两主体相贯处的圆角。具体如图 11-2 所示。

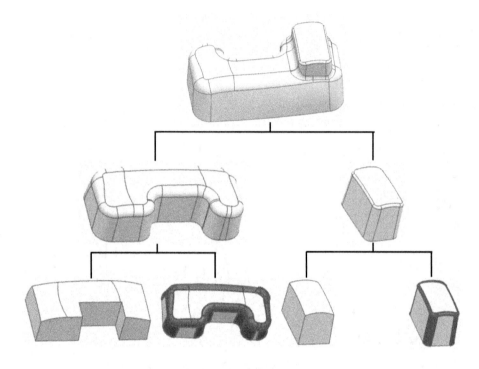

图 11-2 建模流程示意

11.2 知识链接

11.2.1 常用命令

本案例中使用到的 NX 命令参考,如表 11-1 所示。

表 11-1 常用命令

类别	命令名称
应用到命令	【草图】、【拉伸】、【边倒圆】、【求和】、【拔模】【扫掠】、【曲线长度】、【剖切曲面】、【修剪和延伸】【有界平面】、【缝合】、【替换面】

11.2.2　重点命令复习

1. 拔模

使用【拔模】命令可以将实体模型上的一张或多张面修改成带有一定倾角的面。拔模操作在模具设计中非常重要,若一个产品存在倒拔模的问题,则该模具将无法脱模。

单击【特征操作】工具条中的【拔模】命令,命令图标 ,弹出如图 11-3 所示的对话框。

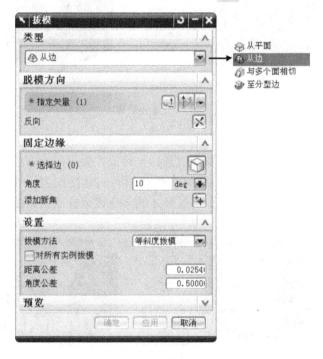

图 11-3　拔模命令

共有四种拔模操作类型:【从平面】、【从边】、【与多个面相切】以及【至分型边】,其中前两种操作最为常用。

1)从平面

从固定平面开始,与拔模方向成一定的拔模角度,对指定的实体进行拔模操作,如图 11-4 所示。

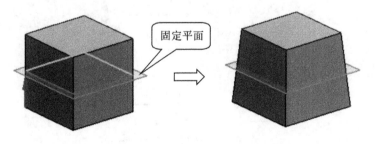

图 11-4　从平面拔模

所谓固定平面是指该处的尺寸不会改变。

2）从边

从一系列实体的边缘开始，与拔模方向成一定的拔模角度，对指定的实体进行拔模操作，如图 11-5 所示。

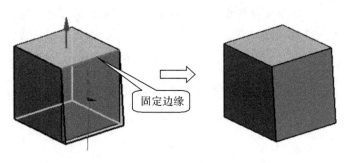

图 11-5　从边拔模

3）与多个面相切

与多个面相切：如果拔模操作需要在拔模操作后保持要拔模的面与邻近面相切，则可使用此类型。此处，固定边缘未被固定，而是移动的，以保持选定面之间的相切约束，选择相切面时一定要将拔模面和相切面一起选中，这样才能创建拔模特征。如图 11-6 所示。

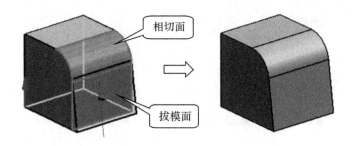

图 11-6　与多个面相切拔模

4）至分型边

主要用于分型线在一张面内，对分型线的单边进行拔模，在创建拔模之前，必须通过"分割面"命令用分型线分割其所在的面。如图 11-7 所示。

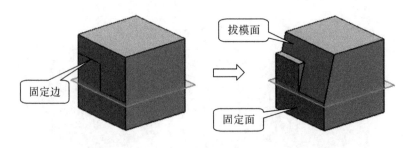

图 11-7　按照分型边拔模

2. 扫掠

【扫掠】就是将轮廓曲线沿空间路径曲线扫描，从而形成一个曲面。扫描路径称为引导线串，轮廓曲线称为截面线串。单击【曲面】工具条的【扫掠】命令，命令图标，弹出如图11-8 所示的【扫掠】对话框。

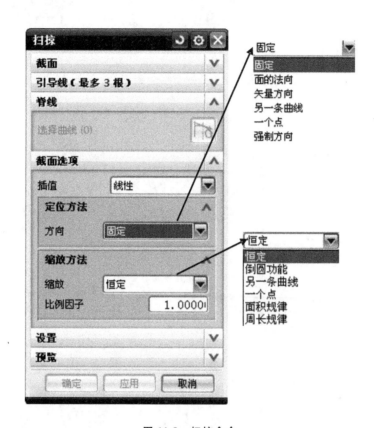

图 11-8　扫掠命令

1）引导线

➤ 引导线（Guide）可以由单段或多段曲线（各段曲线间必须相切连续）组成，引导线控制了扫掠特征沿着 V 方向（扫掠方向）的方位和尺寸变化。扫掠曲面功能中，引导线可以有1～3 条。

若只使用一条引导线，则在扫掠过程中，无法确定截面线在沿引导线方向扫掠时的方位（例如可以平移截面线，也可以平移的同时旋转截面线）和尺寸变化，如图 11-9 所示。因此只使用一条引导线进行扫掠时需要指定扫掠的方位与放大比例两个参数。

➤ 若使用两条引导线，截面线沿引导线方向扫掠时的方位由两条引导线上各对应点之间的连线来控制，因此其方位是确定的，如图 11-10 所示。由于截面线沿引导线扫掠时，截面线与引导线始终接触，因此位于两引导线之间的横向尺寸的变化也得到了确定，但高度方向（垂直于引导线的方向）的尺寸变化未得到确定，因此需要指定高度方向尺寸的缩放方式：横向缩放方式（Lateral）：仅缩放横向尺寸，高度方向不进行缩放。均匀缩放方式（Uniform）：截面线沿引导线扫掠时，各个方向都被缩放。

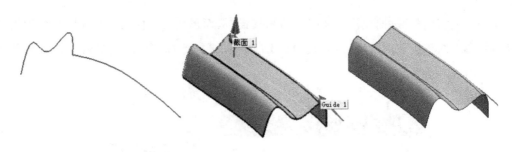

图 11-9　一条引导线示意图

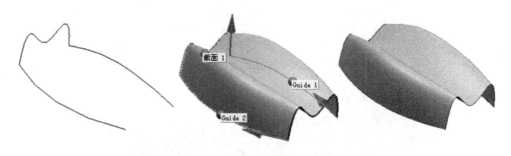

图 11-10　二条引导线示意图

➤ 使用三条引导线，截面线在沿引导线方向扫掠时的方位和尺寸变化得到了完全确定，无需另外指定方向和比例，如图 11-11 所示。

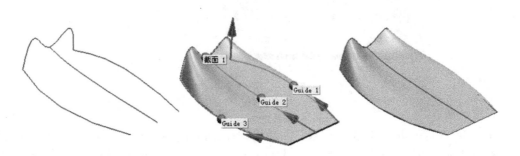

图 11-11　三条引导线示意图

2）截面线

截面线可以由单段或者多段曲线（各段曲线间不一定是相切连续，但必须连续）所组成，截面线串可以有 1～150 条。如果所有引导线都是封闭的，则可以重复选择第一组截面线串，以将它作为最后一组截面线串，图 11-12 所示。

如果选择两条以上截面线串，扫掠时需要指定插值方式（Interpolation Methods），插值方式用于确定两组截面线串之间扫描体的过渡形状。两种插值方式的差别如图 11-13 所示。

线性（Linear）：在两组截面线之间线性过渡。

三次（Cubic）：在两组截面线之间以三次函数形式过渡。

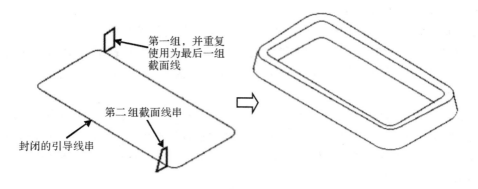

图 11-12 截面线示意图

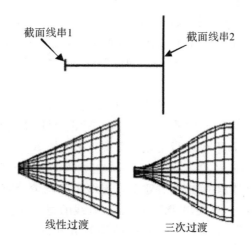

图 11-13 两种插值示意图

3)方向控制

➢ 在两条引导线或三条引导线的扫掠方式中,方位已完全确定,因此,方向控制只存在于单条引导线扫掠方式。关于方向控制的原理,扫掠工具中提供了 6 种方位控制方法。

➢ 固定的(Fixed):扫掠过程中,局部坐标系各个坐标轴始终保持固定的方向,轮廓线在扫掠过程中也将始终保持固定的姿态。

➢ 面的法向(Faced Normals):局部坐标系的 Z 轴与引导线相切,局部坐标系的另一轴的方向与面的法向方向一致,当面的法向与 Z 轴方向不垂直时,以 Z 轴为主要参数,即在扫掠过程中 Z 轴始终与引导线相切。"面的法向"从本质上来说就是"矢量方向"方式。

➢ 矢量方向(Vector Direction):局部坐标系的 Z 轴与引导线相切,局部坐标系的另一轴指向所指定的矢量的方向。需注意的是此矢量不能与引导线相切,而且若所指定的方向与 Z 轴方向不垂直,则以 Z 轴方向为主,即 Z 轴始终与引导线相切。

➢ 另一曲线(Another Curve):相当于两条引导线的退化形式,只是第二条引导线不起控制比例的作用,而只起方位控制的作用:引导线与所指定的另一曲线对应点之间的连线控制截面线的方位。

➢ 一个点(A Point):与"另一曲线"相似,只是曲线退化为一点。这种方式下,局部坐标系的某一轴始终指向一点。

➤ 强制方向（Forced Direction）：局部坐标系的 Z 轴与引导线相切，局部坐标系的另一轴始终指向所指定的矢量的方向。需注意的是此矢量不能与引导线相切，而且若所指定的方向与 Z 轴方向不垂直，则以所指定的方向为主，即 Z 轴与引导线并不始终相切。

4）比例控制

三条引导线方式中，方向与比例均已经确定；两条引导线方式中，方向与横向缩放比例已确定，所以两条引导线中比例控制只有两个选择：横向缩放（Lateral）方式及均匀缩放（Uniform）方式。因此，这里所说的比例控制只适用于单条引导线扫掠方式。单条引导线的比例控制有以下 6 种方式。

➤ 恒定（Constant）：扫掠过程中，沿着引导线以同一个比例进行放大或缩小。

➤ 倒圆函数（Blending Function）：此方式下，需先定义起始与终止位置处的缩放比例，中间的缩放比例按线性或三次函数关系来确定。

➤ 另一条曲线（Another Curve）：与方位控制类似，设引导线起始点与"另一曲线"起始点处的长度为 a，引导线上任意一点与"另一曲线"对应点的长度为 b，则引导线上任意一点处的缩放比例为 b/a。

➤ 一个点（A Point）：与"另一曲线"类似，只是曲线退化为一点。

➤ 面积规律（Area Law）：指定截面（必须是封闭的）面积变化的规律。

➤ 周长规律（Perimeter Law）：指定截面周长变化的规律。

5）脊线

使用脊线可控制截面线串的方位，并避免在导线上不均匀分布参数导致的变形。当脊线串处于截面线串的法向时，该线串状态最佳。在脊线的每个点上，系统构造垂直于脊线并与引导线串相交的剖切平面，将扫掠所依据的等参数曲线与这些平面对齐，如图 11-14 所示。

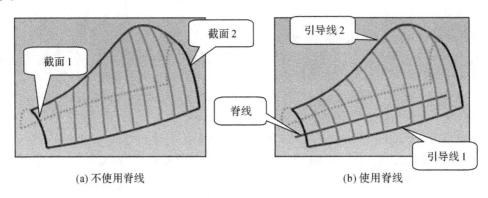

(a) 不使用脊线　　　　　　　　　　(b) 使用脊线

图 11-14　脊线使用是否使用示意图

3. 求和

使用【求和】命令，命令图标，可以将两个或多个工具实体的体积组合为一个目标体。下面案例给大家做个演示，把 4 个圆柱体和长方体进行求和，如图 11-15 所示：

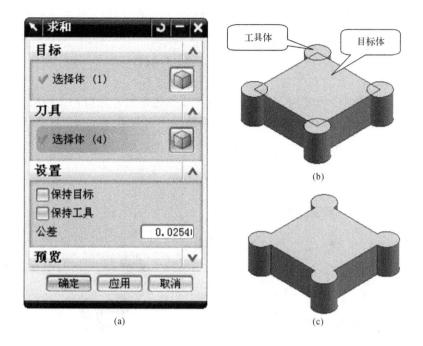

图 11-15　求和命令

4．曲线长度

使用【曲线长度】命令可以延伸或缩短曲线的长度。共有两种方法来修改曲线的长度：修改曲线的总长度或以增量的方式修改曲线的长度。单击【编辑曲线】工具条中的【曲线长度】命令，命令图标 ⎰，弹出如图 11-16(a)所示的对话框。

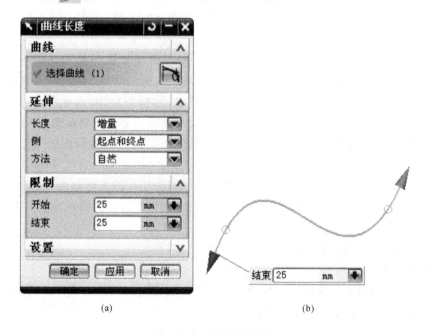

图 11-16　曲线长度命令

在视图区域选择需要编辑长度的曲线,然后在如图 11-16(b)所示的对话框中设置参数,如【开始】和【结束】文本框中均输入 20,按 MB2 结束。也可以直接拖动箭头来调节曲线的长度。

5．剖切曲面

使用【剖切曲面】命令可使用二次曲线构造方法创建曲面。先由一系列选定的截面曲线和面计算得到二次曲线,然后计算的二次曲线被扫掠建立曲面,如图 11-17 所示。

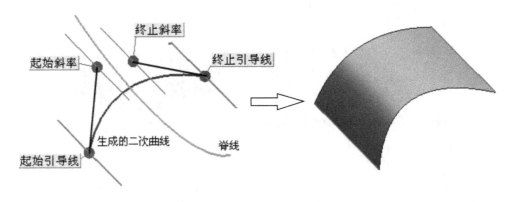

图 11-17　剖切曲面命令示意

单击【曲面】工具栏上的【剖切曲面】命令,命令图标 ,弹出如图 11-18 所示的对话框。

需要注意的是,对话框中的"端点"、"顶点"、"肩点"、"五点"等名称中的"点",实际上是构建剖切曲面的曲线,之所以称为"点",是因为曲线在截面上是表现为一个"点"。

6．修剪和延伸

【修剪和延伸】是指使用由边或曲面组成的一组工具对象来延伸和修剪一个或多个曲面。单击【曲面】工具条的【修剪和延伸】命令,命令图标,弹出如图 11-19 所示的对话框。

对话框中包含了 4 种修剪和延伸类型:按距离、已测量百分比、直至选定对象和制作拐角。前面两种类型主要用于创建延伸曲面,后面两种类型主要用于修剪曲面。

➤ 按距离:按一定距离来创建与原曲面自然曲率连续、相切或镜像的延伸曲面。不会发生修剪。

➤ 已测量百分比:按新延伸面中所选边的长度百分比来控制延伸面。不会发生修剪。

➤ 直至选定对象:修剪曲面至选定的参照对象,如面或边等。应用此类型来修剪曲面,修剪边界无须超过目标体。

➤ 制作拐角:在目标和工具之间形成拐角。

7．有界平面

使用【有界平面】可以创建由一组端相连的平面曲线封闭的平面片体,注意曲线必须共面且形成封闭形状。如图 11-20 所示:

单击【曲面】工具条的【有界平面】命令,命令图标,弹出如图 11-21 所示的对话框。

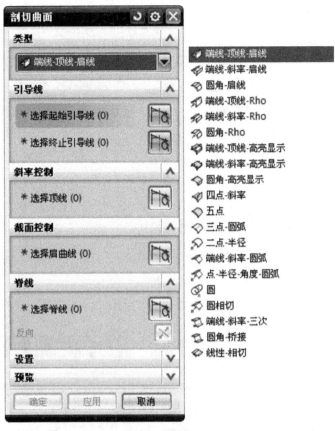

图 11-18　剖切曲面命令

图 11-19　修剪和延伸命令

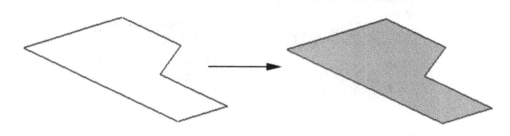

图 11-20　有界平面创建示意图

8. 缝合

使用【缝合】命令可以将两个或更多片体连结成一个片体。如果这组片体包围一定的体积,则创建一个实体。单击【特征】工具条中的【缝合】命令,命令图标  ,弹出如图 11-22 所示的对话框。

图 11-21　有界平面命令

图 11-22　缝合命令

9. 替换面

使用【替换面】命令可以用一个或多个面代替一组面,并能重新生成光滑邻接的表面。单击【同步建模】工具条中的【替换面】命令,命令图标 ,弹出如图 11-23 所示的对话框。

图 11-23　替换面命令

11.3　实施过程

1. 创建基准一,如图 11-24 所示。

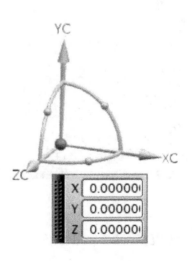

图 11-24　创建基准一

2. 使用【草图】命令,在基准一中的 XC-YC 平面内,根据图纸创建草图一,如图 11-25 所示。

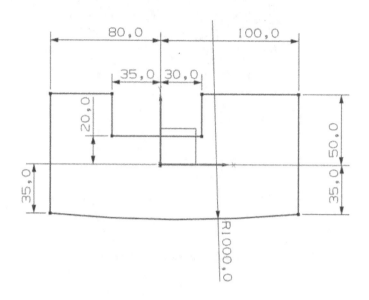

图 11-25　创建草图一

3. 创建基准二,如图 11-26 所示。

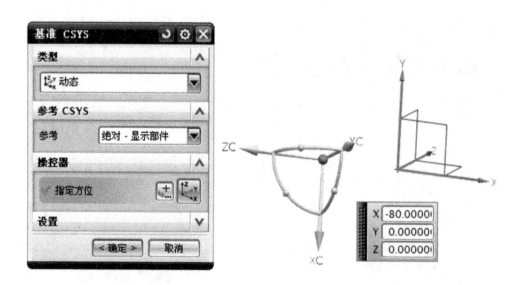

图 11-26　创建基准二

4. 使用【草图】命令,在基准二中的 XC-YC 平面内,根据图纸创建草图二,如图 11-27 所示。

5. 创建基准三,如图 11-28 所示。

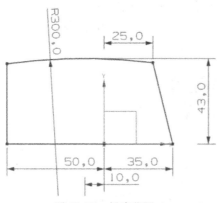

图 11-27　创建草图二

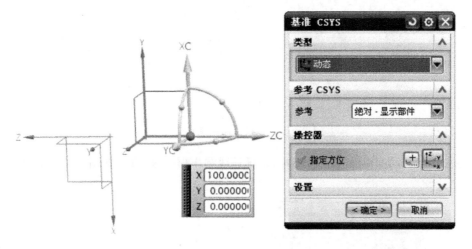

图 11-28　创建基准三

6. 使用【草图】命令，在基准三中的 XC-YC 平面内，根据图纸创建草图三，如图 11-29 所示。

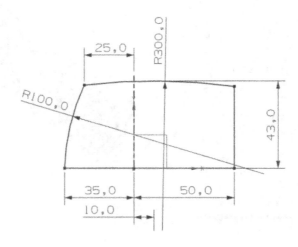

图 11-29　创建草图三

7. 使用【曲线长度】命令,使草图二和草图三中的曲线延长一段距离,主要是为了后期根据两条线制作的片体足够大,方便后期和其他片体操作。如图 11-30 所示。

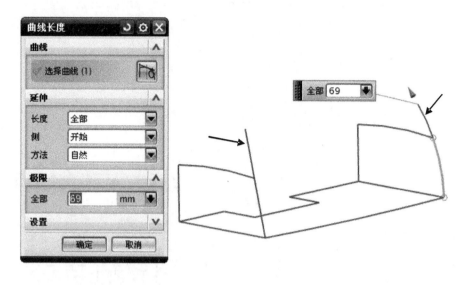

图 11-30　曲线延长

8. 使用【扫掠】命令,根据底线和两条延长线制作出一张侧面,如图 11-31 所示。

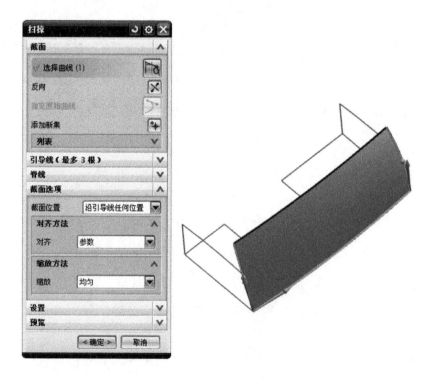

图 11-31　创建扫掠面

9. 使用【拉伸】命令，按照基准—Z轴方向拉伸草图一的曲线，得到主体侧面，如图 11-32 所示。

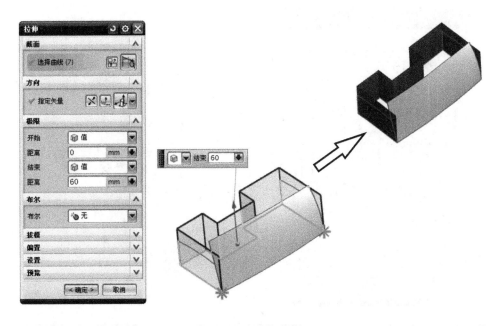

图 11-32　创建主体侧面

10. 使用【修剪和延伸】命令，通过【制作拐角】项，实现拉伸面和扫掠面之间的相互裁剪，如图 11-33 所示。

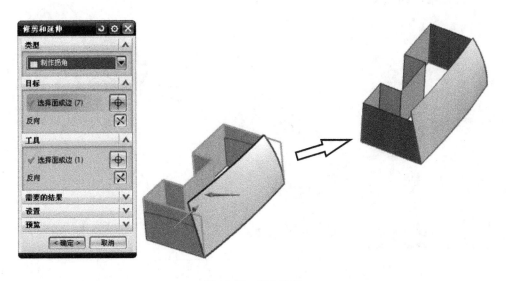

图 11-33　制作拐角

11. 使用【直线】命令,制作一个高度 50 并且和 Y 轴平行的顶面直线,注意直线长度要大于草图一的范围,如图 11-34 所示。

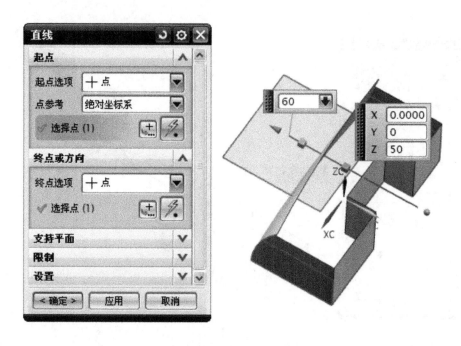

图 11-34　创建顶面直线

12. 使用【拉伸】命令,按照基准一的 X 轴方向拉伸顶面直线,注意拉伸距离要大于草图一的范围,如图 11-35 所示。

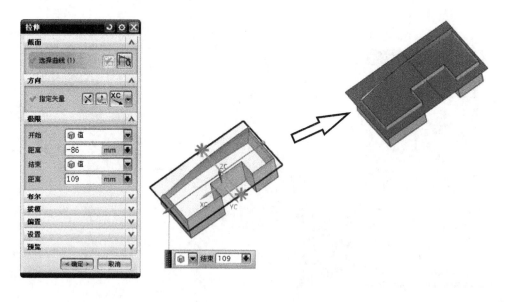

图 11-35　创建顶面

13. 使用【曲线长度】命令,使草图二和草图三中的曲线延长一段距离,主要是为了和顶面直线制作剖切曲面,保证制作的曲面足够大,方便后期和其他片体操作。如图 11-36 所示。

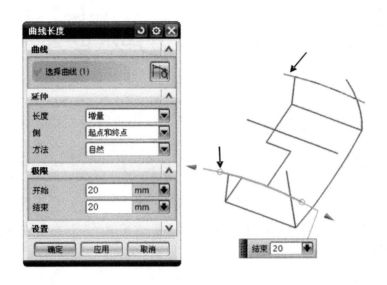

图 11-36　曲线延长

14. 使用【剖切曲面】命令,通过【圆相切】项,制作一个以草图二中延长的顶线为基准,和两张面都相切并且半径为 150 的弧面,如图 11-37 所示。

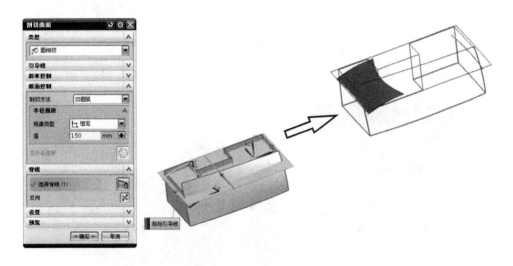

图 11-37　创建剖切曲面

15. 使用【剖切曲面】命令,通过【圆相切】项,以同样的方法制作半径为 100 的弧面,如图 11-38 所示。

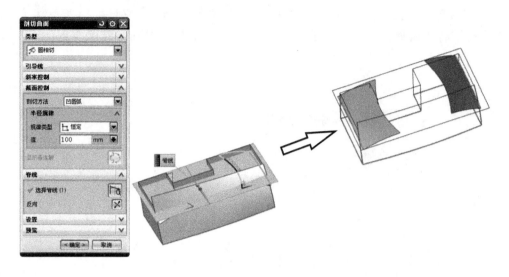

图 11-38　创建剖切曲面

16. 使用【修剪和延伸】命令，通过【制作拐角】项，实现两个剖切曲面、顶面和主体面的相互裁剪，如图 11-39 所示。

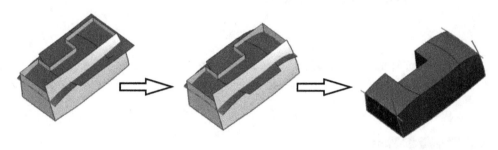

图 11-39　主体面相互裁剪

17. 使用【有界平面】命令，选取主体面底部边界制作出底面，如图 11-40 所示。

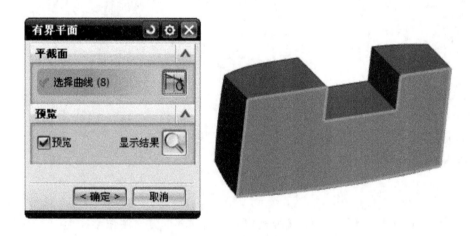

图 11-40　创建有界平面

18. 使用【缝合】命令,缝合所有片体,如图 11-41 所示。

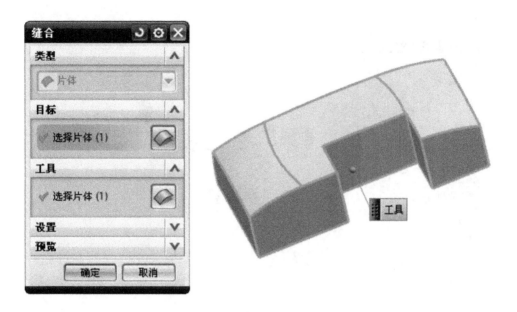

图 11-41　缝合实体

19. 使用【拔模】命令,选择主体七个临拔面的底边进行拔模,拔模角度 2°,如图 11-42 所示。

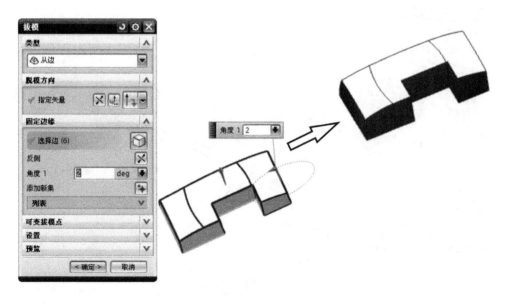

图 11-42　拔模

20. 使用【边倒圆】命令，按照图纸选取 R20 的断边进行倒圆，如图 11-43 所示。

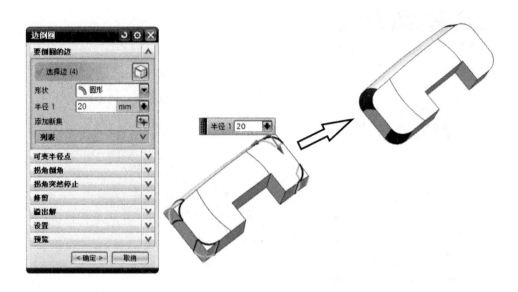

图 11-43　创建 R20 圆角

21. 使用【边倒圆】命令，按照图纸选取 R12 的断边进行倒圆，如图 11-44 所示。

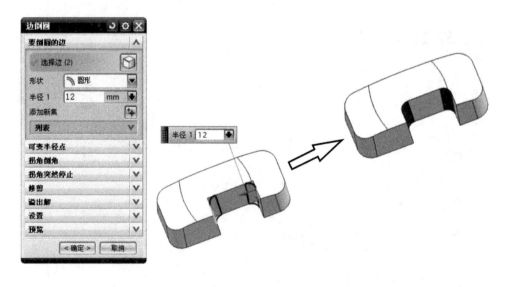

图 11-44　创建 R12 圆角

22. 使用【边倒圆】命令，按照图纸选取 R17 的断边进行倒圆，如图 11-45 所示。

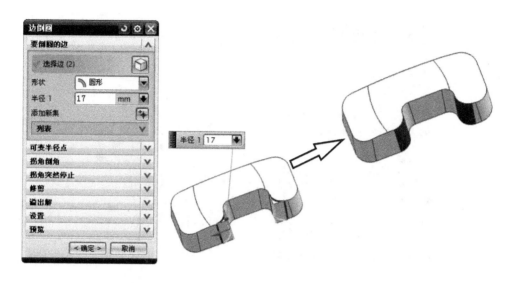

图 11-45　创建 R17 圆角

23. 使用【边倒圆】命令，选取主体顶边进行 R17 的倒圆，如图 11-46 所示。

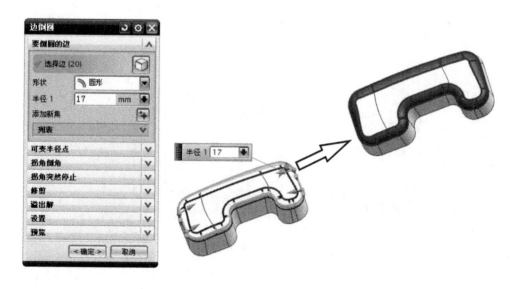

图 11-46　创建 R17 圆角

24. 创建基准四,如图 11-47 所示。

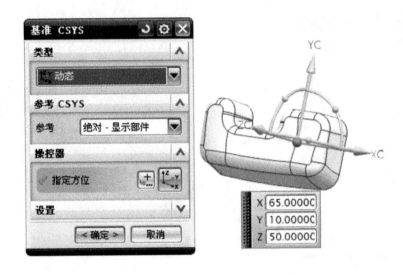

图 11-47　创建基准四

25. 使用【草图】命令,在基准四中的 XC-YC 平面内,根据图纸创建草图四,如图 11-48 所示。

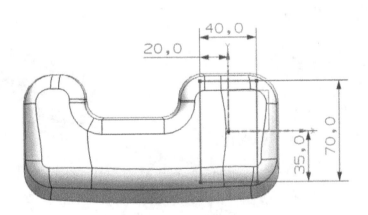

图 11-48　创建草图四

26. 使用【拉伸】命令,制作凸台,注意凸台深度要和主体完全相贯,并从界面位置进行拔模 2°,如图 11-49 所示。

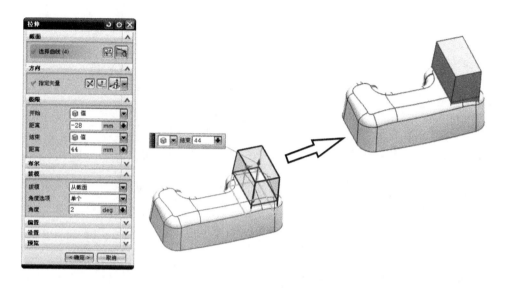

图 11-49　创建凸台

27. 创建基准五,如图 11-50 所示。

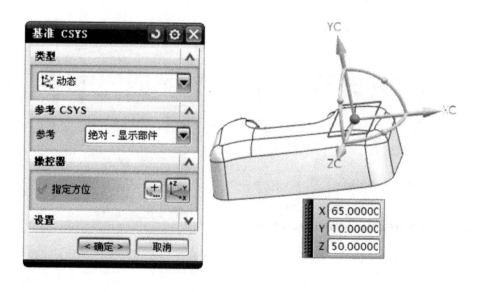

图 11-50　创建基准五

28. 使用【草图】命令,在基准五中的 XC-YC 平面内,根据图纸创建草图五,如图 11-51 所示。

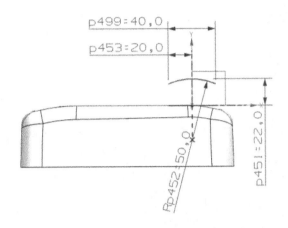

图 11-51　创建草图五

29. 创建基准六,如图 11-52 所示。

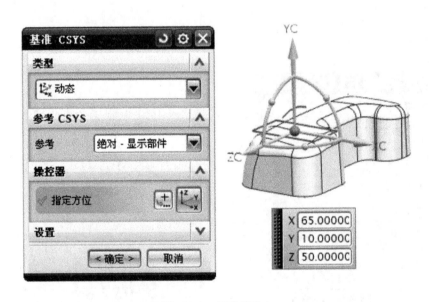

图 11-52　创建基准六

30. 使用【草图】命令，在基准六中的 XC-YC 平面内，根据图纸创建草图六，如图 11-53 所示。

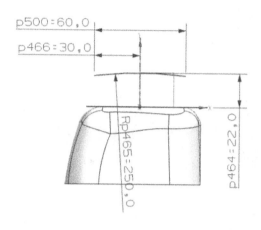

图 11-53　创建草图六

31. 使用【扫掠】命令，通过草图五和草图六的圆弧创建凸台顶面，如图 11-54 所示。

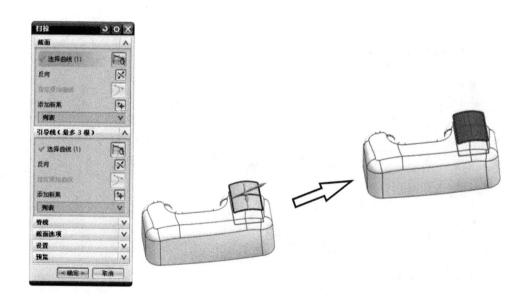

图 11-54　创建凸台顶面

32. 使用【替换面】命令,把凸台顶面替换成图纸需要的曲面,如图 11-55 所示。

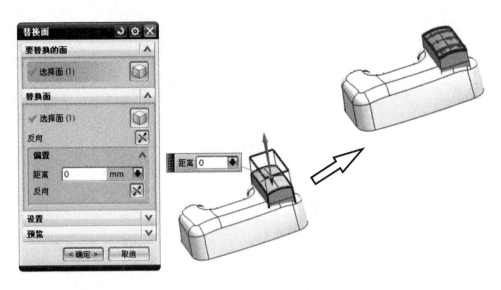

图 11-55　替换凸台顶面

33. 使用【边倒圆】命令,按照图纸选取 R8 的凸台断边进行倒圆,如图 11-56 所示。

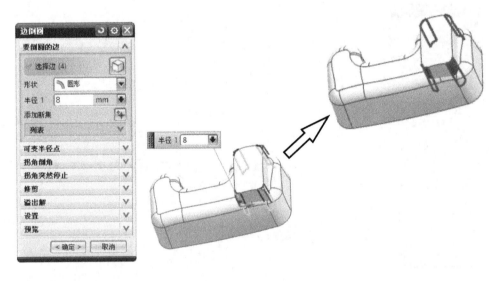

图 11-56　创建 R8 圆角

34. 使用【边倒圆】命令，按照图纸选取 R3 的凸台顶边进行倒圆，如图 11-57 所示。

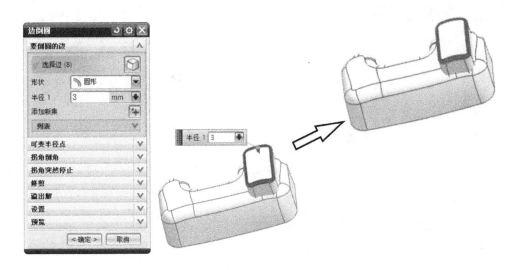

图 11-57　创建 R3 圆角

35. 使用【求和】命令，把主体和凸台布尔运算成一个实体，如图 11-58 所示。

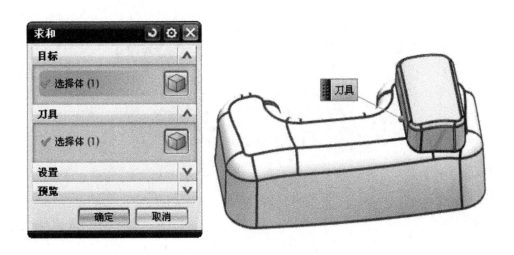

图 11-58　求和成一个实体

36. 使用【边倒圆】命令,按照图纸对凸台和主体相交处进行 R9 的圆角处理,如图 11-59 所示。

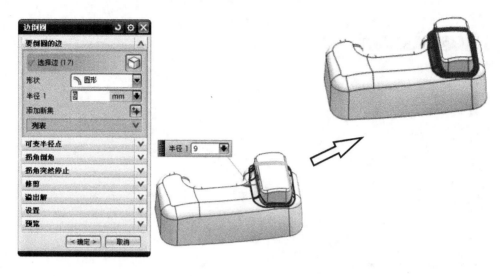

图 11-59　创建 R9 圆角

37. 最终模型,如图 11-60 所示。

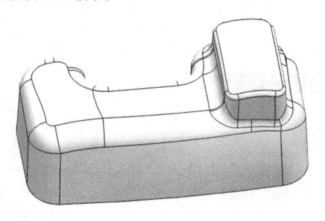

图 11-60　最终模型

11.4　总　结

　　小家电外壳零件建模实例是草图与实体命令相结合才能完成的案例,本案例相对比较复杂,因为此案例需要多次制作草图,同时圆角比较多,倒圆需要注意圆角大小和其倒圆的先后顺序,而且本案例运用到了很多命令,需要制作人对命令要有个一定的基础。通过本案例的学习,得到了对复杂零件建模的锻炼,并熟悉了圆角的处理方式方法,继续加强草图曲线和实体命令结合的产品设计方法。

第 12 章　支撑桥零件建模

- 熟练使用 NX 部分命令。
- 掌握本案例的建模思路。
- 熟练完成支撑桥零件的图纸建模。

配套资源

- 参见光盘 12\ShiTi12-finish.prt。
- 参见光盘 12\ShiTi12.jpg。

难度系数

- ★★★★☆

12.1　思路分解

12.1.1　案例说明

本案例根据图纸 ShiTi12.jpg 所示完成支撑桥零件建模,如图 12-1 所示:

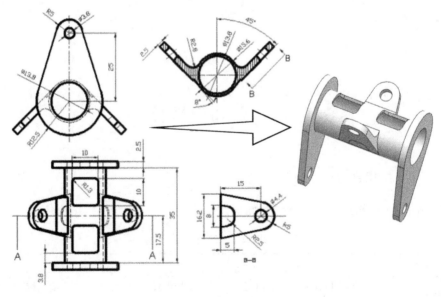

图 12-1　建模示意图

12.1.2 零件建模思路

通过观察图纸,支撑桥零件主要由连接柱、主体和侧耳三部分组成,而主体和侧耳有两个,同时连接柱上也有两个方形孔,这些都分布在连接柱的两侧,为镜像关系。根据零件的特征,其建模思路为先制作出连接柱、主体和侧耳的基本形状,然后在其上面制作出相应的特征,在使用布尔运算求和,最后在倒主体相贯处的圆角得到最终数据。具体如图 12-2 所示。

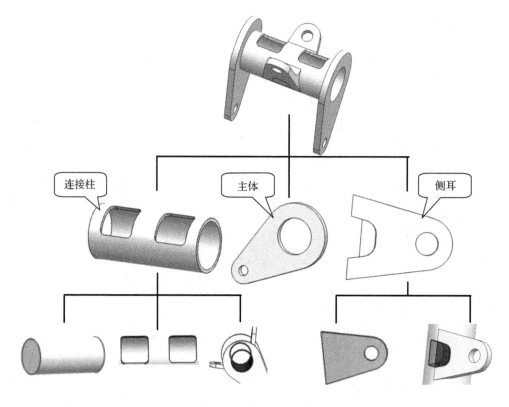

图 12-2　建模流程示意

12.2　知识链接

12.2.1　常用命令

本案例中使用到的 NX 命令参考,如表 12-1 所示。

表 12-1　常用命令

类别	命令名称
应用到命令	【草图】、【圆柱体】、【孔】、【拉伸】、【求和】【边倒圆】、【基准平面】、【镜像体】、【镜像特征】

12.2.2 重点命令复习

1. 草图

草图是 UG NX 软件中建立参数化模型的一个重要工具。草图与曲线功能相似,也是一个用来构建二维曲线轮廓的工具,其最大的特点是绘制二维图时只需先绘制出一个大致的轮廓,然后通过约束条件来精确定义图形。当约束条件改变时,轮廓曲线也自动发生改变,因而使用草图功能可以快捷、完整地表达设计者的意图。绘制草图的一般步骤如下:

➢ 新建或打开部件文件;在进入草图任务环境之前,必须先新建草图或打开已有的草图。单击【直接草图】工具条上的【草图】命令,命令图标 ,弹出【创建草图】对话框。对话框中包含两种创建草图的类型:在平面上和在轨迹上。如图 12-3 所示

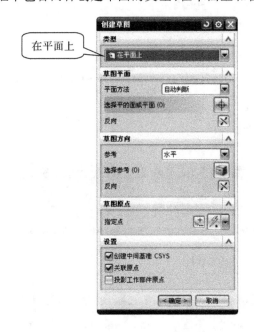

图 12-3 草图两种创建方法

➢ 检查和修改草图参数预设置;草图参数预设置是指在绘制草图之前,设置一些操作规定。这些规定可以根据用户自己的要求而个性化设置,但是建议这些设置能体现一定的意义,如草图首选项如图 12-4 所示。

➢ 创建和编辑草图对象;草图对象是指草图中的曲线和点。建立草图工作平面后,就可以直接绘制草图对象或者将图形窗口中的点、曲线、实体或片体上的边缘线等几何对象添加到草图中,如图 12-5 所示。

➢ 定义约束;约束限制草图的形状和大小,包括几何约束(限制形状)和尺寸约束(限制大小)。调用了【约束】命令后,系统会在未约束的草图曲线定义点处显示自由度箭头符号,也就是相互垂直的红色小箭头,红色小箭头会随着约束的增加而减少。当草图曲线完全约束后,自由度箭头也会全部消失,并在状态栏中提示"草图已完全约束"。草图主要的约束命令如图 12-6 所示。

(a) 草图样式选项卡

(b) 会话设置选项卡

图 12-4　草图首选项

图 12-5　草图绘制工具对话框

图 12-6　草图约束的主要命令

完成草图,退出草图生成器。

2. 拉伸

使用【拉伸】命令可以沿指定方向扫掠曲线、边、面、草图或曲线特征的 2D 或 3D 部分一段直线距离,由此来创建体如图 12-7 所示。拉伸过程中需要指定截面线、拉伸方向、拉伸距离。

单击【特征】工具条上的【拉伸】命令,图标 ▥,弹出如图 12-8 所示的对话框。该对话框中各选项含义如下所述。

1)截面:指定要拉伸的曲线或边。

➤ 绘制截面 ⊞:单击此图标,系统打开草图生成器,在其中可以创建一个处于特征内

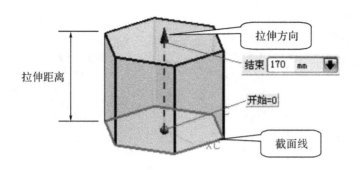

图 12-7　拉伸示意图

部的截面草图。在退出草图生成器时，草图被自动选作要拉伸的截面。

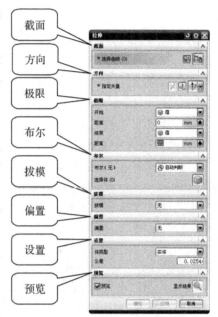

➤ 选择曲线 ：选择曲线、草图或面的边缘进行拉伸。系统默认选中该图标。在选择截面时，注意配合【选择意图工具条】使用。

2）方向：指定要拉伸截面曲线的方向。

➤ 默认方向为选定截面曲线的法向，也可以通过【矢量对话框】和【自动判断的矢量】类型列表中的方法构造矢量。

➤ 单击反向 按钮或直接双击在矢量方向箭头，可以改变拉伸方向。

3）极限：定义拉伸特征的整体构造方法和拉伸范围。

➤ 值：指定拉伸起始或结束的值。

➤ 对称值：开始的限制距离与结束的限制距离相同。

图 12-8　拉伸命令对话框

➤ 直至下一个：将拉伸特征沿路径延伸到下一个实体表面，如图 12-9（a）所示。

➤ 直至选定对象：将拉伸特征延伸到选择的面、基准平面或体，如图 12-9（b）所示。

➤ 直至延伸部分：截面在拉伸方向超出被选择对象时，将其拉伸到被选择对象延伸位置为止，如图 12-9（c）所示。

➤ 贯通：沿指定方向的路径延伸拉伸特征，使其完全贯通所有的可选体，如图 12-9（d）所示。

4）布尔

在创建拉伸特征时，还可以与存在的实体进行布尔运算。

注意，如果当前界面只存在一个实体，选择布尔运算时，自动选中实体；如果存在多个实体，则需要选择进行布尔运算的实体。

5）拔模：在拉伸时，为了方便出模，通常会对拉伸体设置拔模角度，共有 6 种拔模方式。

➤ 无：不创建任何拔模。

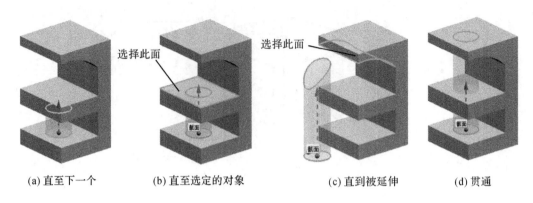

(a) 直至下一个　　　　(b) 直至选定的对象　　　　(c) 直到被延伸　　　　(d) 贯通

图 12-9　极限项实现方式

➢ 从起始限制：从拉伸开始位置进行拔模，开始位置与截面形状一样，如图 12-10(a)所示。

➢ 从截面：从截面开始位置进行拔模，截面形状保持不变，开始和结束位置进行变化，如图 12-10(b)所示。

➢ 从截面-非对称角：截面形状不变，起始和结束位置分别进行不同的拔模，两边拔模角可以设置不同角度，如图 12-10(c)所示。

➢ 从截面-对称角：截面形状不变，起始和结束位置进行相同的拔模，两边拔模角度相同，如图 12-10(d)所示。

➢ 从截面匹配的终止处：截面两端分别进行拔模，拔模角度不一样，起始端和结束端的形状相同，如图 12-10(e)所示。

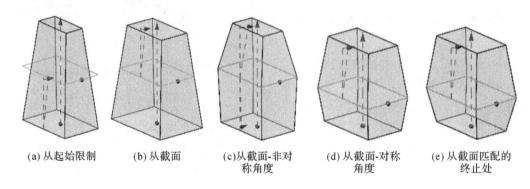

(a) 从起始限制　　(b) 从截面　　(c)从截面-非对称角度　　(d) 从截面-对称角度　　(e) 从截面匹配的终止处

图 12-10　拔模项实现方式

6)偏置：用于设置拉伸对象在垂直于拉伸方向上的延伸，共有 4 种方式。

➢ 无：不创建任何偏置。

➢ 单侧：向拉伸添加单侧偏置，如图 12-11(a)所示。

➢ 两侧：向拉伸添加具有起始和终止值的偏置，如图 12-11(b)所示。

➢ 对称：向拉伸添加具有完全相等的起始和终止值（从截面相对的两侧测量）的偏置，如图 12-11(c)所示。

7)设置：用于设置拉伸特征为片体或实体。要获得实体，截面曲线必须为封闭曲线或带

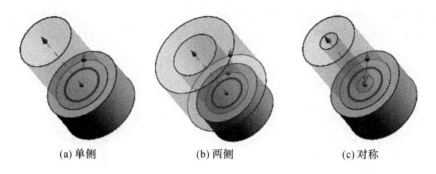

(a) 单侧　　　　　　　　(b) 两侧　　　　　　　　(c) 对称

图 12-11　偏置项实现方式

有偏置的非闭合曲线。

　　8)预览:用于观察设置参数后的变化情况。

　　3．圆柱体

　　使用【圆柱体】命令,命令图标 ,可以创建基本圆柱形实体,圆柱与其定位对象相关联。创建圆柱体的方法有 2 种,如图 12-12 所示,分别是:

　　1)轴、直径和高度:使用方向矢量、直径和高度创建圆柱。

　　2)圆弧和高度:使用圆弧和高度创建圆柱。软件从选定的圆弧获得圆柱的方位。圆柱的轴垂直于圆弧的平面,且穿过圆弧中心。矢量会指示该方位。选定的圆弧不必为整圆,软件会根据任一圆弧对象创建完整的圆柱。

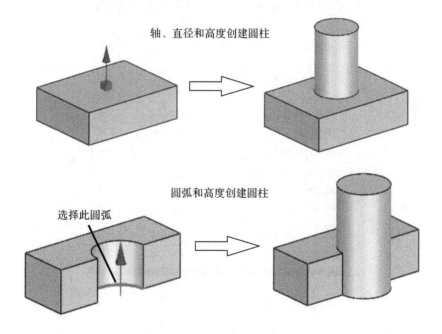

图 12-12　圆柱体两种创建方法

4．边倒圆

通过【边倒圆】命令可以使至少由两个面共享的边缘变光顺。倒圆时就像沿着被倒圆角的边缘滚动一个球,同时使球始终与在此边缘处相交的各个面接触。倒圆球在面的内侧滚动会创建圆形边缘(去除材料),在面的外侧滚动会创建圆角边缘(添加材料),如图 12-13 所示。

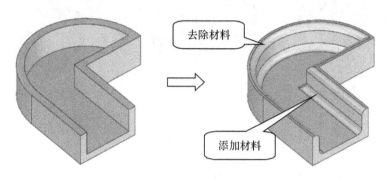

图 12-13　边倒圆示意图

单击【特征】工具条上的【边倒圆】命令图标 ▦,弹出如图 12-14 所示的对话框。该对话框中各选项含义如下所述。

图 12-14　边倒圆命令

1)要倒圆的边

此选项区主要用于倒圆边的选择与添加,以及倒角值的输入。若要对多条边进行不同圆角的倒角处理,则单击【添加新集】按钮 ✚ 即可。列表框中列出了不同倒角的名称、值和表达式等信息,如图 12-15 所示

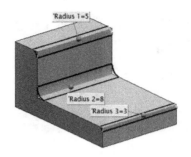

图 12-15　要倒圆的边项示意

2）可变半径点

通过向边倒圆添加半径值唯一的点来创建可变半径圆角，如图 12-16 所示。

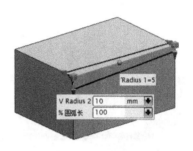

图 12-16　可变半径点项示意

3）拐角倒角

在三条线相交的拐角处进行拐角处理。选择三条边线后，切换至拐角栏，选择三条线的交点，即可进行拐角处理。可以改变三个位置的参数值来改变拐角的形状，如图 12-17 所示。

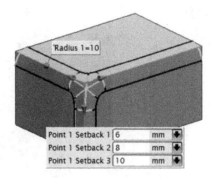

图 12-17　拐角倒角项示意

4）拐角突然停止

使某点处的边倒圆在边的末端突然停止，如图 12-18 所示。

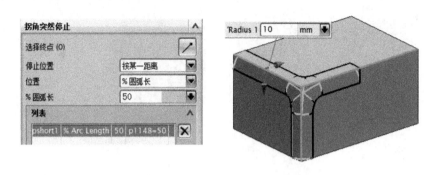

图 12-18　拐角突然停止项示意

5）修剪

可将边倒圆修剪至明确选定的面或平面,而不是依赖软件通常使用的默认修剪面,如图 12-19 所示。

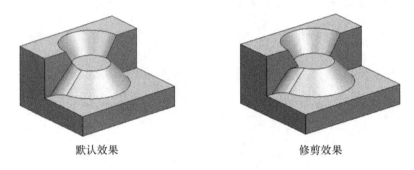

默认效果　　　　　　　　　　　修剪效果

图 12-19　修剪项示意

6）溢出解

当圆角的相切边缘与该实体上的其他边缘相交时,就会发生圆角溢出。选择不同的溢出解,得到的效果会不一样,可以尝试组合使用这些选项来获得不同的结果。如图 12-20 所示为【溢出解】选项区。

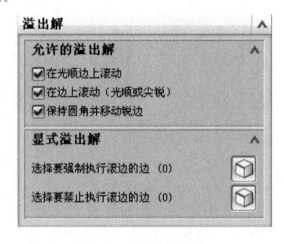

图 12-20　溢出解项示意

➤ 在光顺边上滚动：允许圆角延伸到其遇到的光顺连接（相切）面上。如图 12-21 所示，①溢出现有圆角的边的新圆角；②选择时，在光顺边上滚动会在圆角相交处生成光顺的共享边；③未选择在光顺边上滚动时，结果为锐共享边。

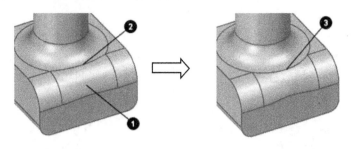

图 12-21　溢出解项示意一

➤ 在边上滚动（光顺或尖锐）：允许圆角在与定义面之一相切之前发生，并展开到任何边（无论光顺还是尖锐）上。如图 12-22 所示，①选择在边上滚动（光顺或尖锐）时，遇到的边不更改，而与该边所在面的相切会被超前；②未选择在边上滚动（光顺或尖锐）时，遇到的边发生更改，且保持与该边所属面的相切。

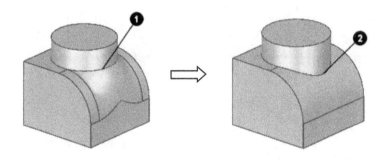

图 12-22　溢出解项示意二

➤ 保持圆角并移动锐边：允许圆角保持与定义面的相切，并将任何遇到的面移动到圆角面。如图 12-23 所示，①选择在锐边上保持圆角选项的情况下预览边倒圆过程中遇到的边；②生成的边倒圆显示保持了圆角相切。

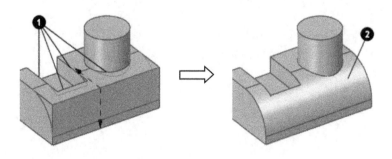

图 12-23　溢出解项示意三

7）设置：选项区主要是控制输出操作的结果。

➤ 凸/凹 Y 处的特殊圆角：使用该复选框，允许对某些情况选择两种 Y 型圆角之一，如图 12-24 所示。

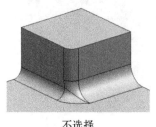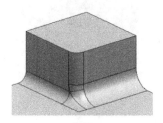

不选择　　　　　　　　　　　　选择

图 12-24　Y 型圆角示意

➤ 移除自相交：在一个圆角特征内部如果产生自相交，可以使用该选项消除自相交的情况，增加圆角特征创建的成功率。

➤ 拐角回切：在产生拐角特征时，可以对拐角的样子进行改变，如图 12-25 所示。

从拐角分离　　　　　　　　　　带拐角包含

图 12-25　拐角回切示意

5. 镜像体

使用【镜像体】命令可以把选中的体元素通过镜像面进行镜像。单击【特征】工具条上的【镜像体】命令，命令图标，弹出如图 12-26 所示的对话框。

6. 镜像特征

使用【镜像特征】命令，是指通过基准平面或平面镜像的方法来得到选定特征的对称模型。单击【特征】工具条上的【镜像特征】命令，命令图标，弹出如图 12-27 所示的对话框。

图 12-26　镜像体命令

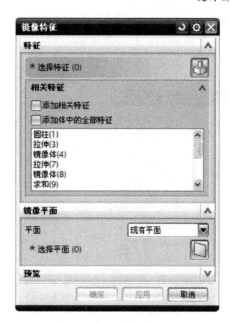

图 12-27　镜像特征命令

12.3　实施过程

1. 创建基准一,如图 12-28 所示。

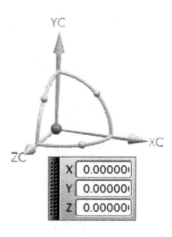

图 12-28　创建基准一

2. 使用【圆柱体】命令,创建一个直径 15.6,高度 35 的圆柱体,如图 12-29 所示。

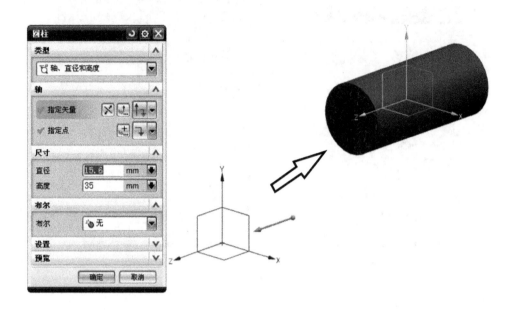

图 12-29　创建圆柱体

3. 使用【草图】命令,在基准一中的 XC-YC 平面内,根据图纸创建草图一,如图 12-30 所示。

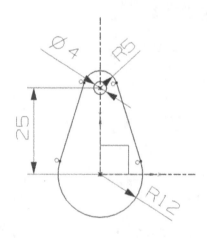

图 12-30　创建草图一

4. 使用【拉伸】命令，在连接桥一侧创建主体特征，如图 12-31 所示。

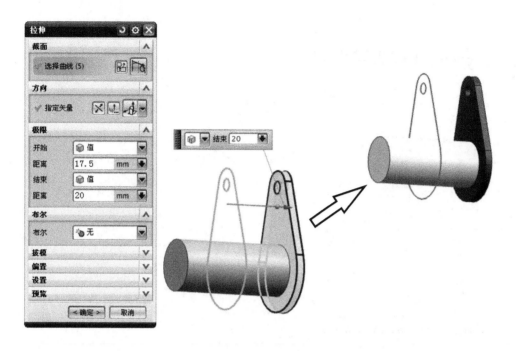

图 12-31　创建主体特征

5. 使用【镜像体】命令，以基准一的 XY 平面为镜像面镜像连接桥另一侧特征，如图 12-32 所示。

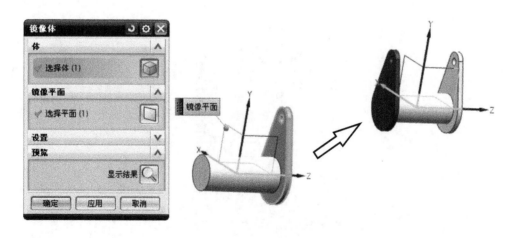

图 12-32　镜像主体

6. 使用【基准平面】命令,创建基准平面一,和基准一的 XZ 平面成 45°夹角,如图 12-33 所示。

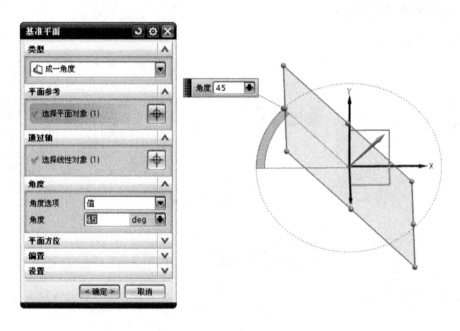

图 12-33　创建基准平面一

7. 使用【草图】命令,在基准平面一中,根据图纸创建草图二,如图 12-34 所示。

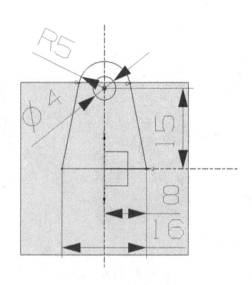

图 12-34　创建草图二

8. 使用【拉伸】命令，根据草图二的曲线创建侧耳主体，如图 12-35 所示。

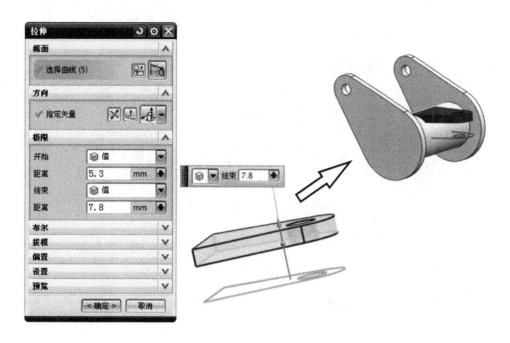

图 12-35　创建侧耳主体

9. 使用【镜像体】命令，以基准一的 YZ 平面为镜像面镜像连接桥的一侧的侧耳主体，如图 12-36 所示。

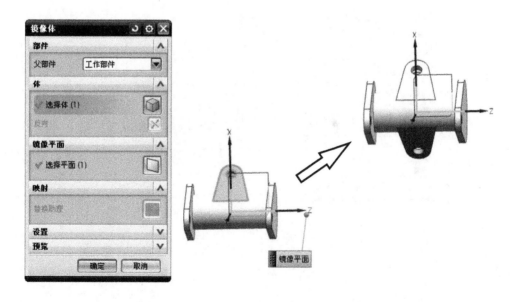

图 12-36　镜像侧耳主体

10. 使用【求和】命令，把各个主体布尔运算成一个实体，如图 12-37 所示。

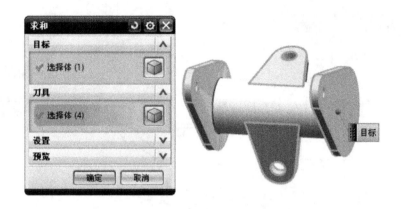

图 12-37　求和成一个实体

11. 使用【基准平面】命令，创建基准平面二，和侧耳平面成 8°夹角，如图 12-38 所示。

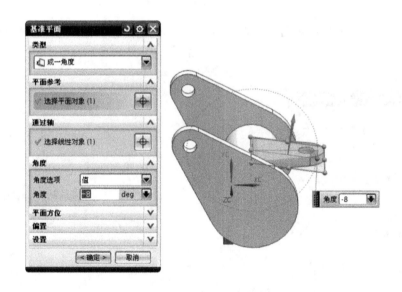

图 12-38　创建基准平面二

12. 使用【草图】命令,在基准平面二中,根据图纸创建草图三,如图 12-39 所示。

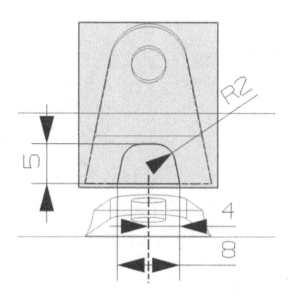

图 12-39　创建草图三

13. 使用【拉伸】命令,拉伸草图三的曲线,并直接和主体通过布尔运算求差,得到侧耳缺口特征,如图 12-40 所示。

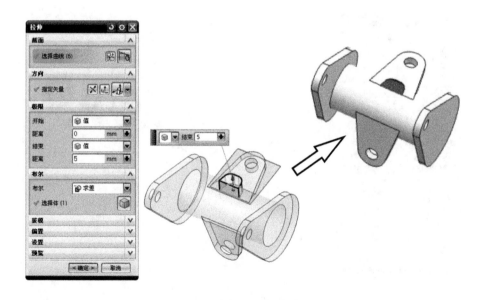

图 12-40　创建侧耳缺口特征

14. 使用【镜像特征】命令,以基准一的 YZ 平面为镜像面镜像连接桥另一侧的侧耳缺口特征,如图 12-41 所示。

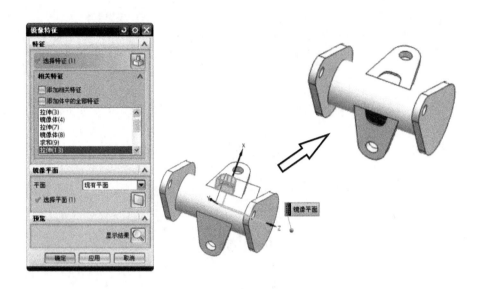

图 12-41　镜像特征

15. 使用【孔】命令,创建一个直径 13.8 的孔特征,如图 12-42 所示。

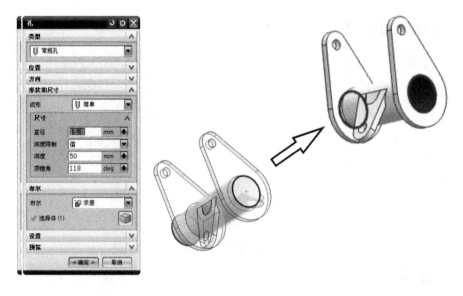

图 12-42　创建孔特征

16. 使用【草图】命令,在基准一中的 XC-ZC 平面内,根据图纸创建草图四,如图 12-43
所示。

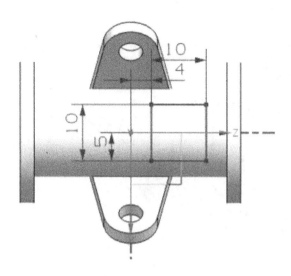

图 12-43　创建草图四

17. 使用【拉伸】命令,拉伸草图四的曲线,并直接和主体通过布尔运算求差,得到连接
桥上的方形孔特征,如图 12-44 所示。

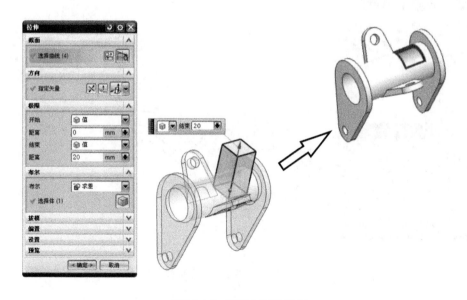

图 12-44　创建方形孔特征

18. 使用【边倒圆】命令，按照图纸选取 R1.3 的方孔断边进行倒圆，如图 12-45 所示。

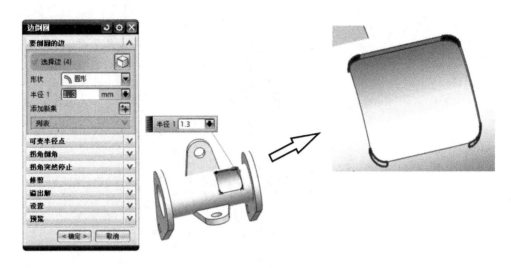

图 12-45 创建 R1.3 圆角

19. 使用【镜像特征】命令，以基准一的 XC-YC 平面为镜像面镜像方形孔的拉伸和倒圆角特征，如图 12-46 所示。

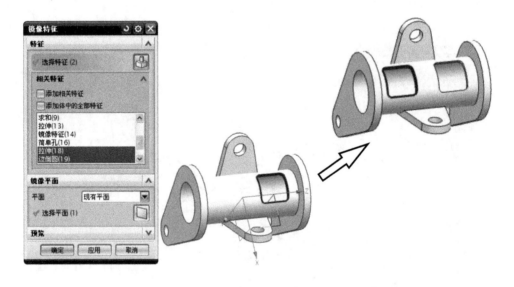

图 12-46 创建方孔镜像特征

20. 使用【边倒圆】命令,按照图纸选取 R2.8 的方孔断边进行倒圆,如图 12-47 所示。

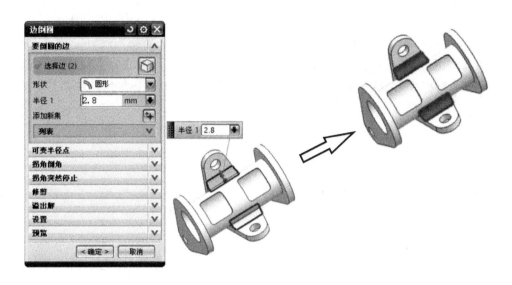

图 12-47　创建 R2.8 圆角

21. 最终模型,如图 12-48 所示。

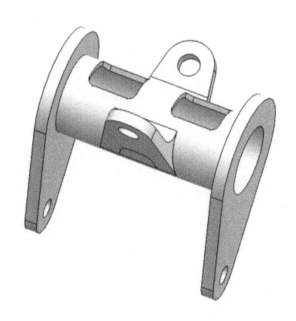

图 12-48　最终模型

12.4 总 结

支撑桥零件建模实例是草图与实体命令相结合才能完成的案例,本案例同样比较复杂,因为此案例需要多次制作草图。同时本案例中新出现了【镜像体】和【镜像特征】两个命令的使用,方便了对称特征和对称结构的制作。通过本案例的学习,可以继续熟练草图制作和实体命令结合的零件建模方法。

第 13 章　油箱盖零件建模

- 熟练使用 NX 部分命令。
- 掌握本案例的建模思路。
- 熟练完成油箱盖零件的图纸建模。

配套资源

- 参见光盘 13\ShiTi13-finish.prt。
- 参见光盘 13\ShiTi13.jpg。

难度系数

- ★★★★★

13.1　思路分解

13.1.1　案例说明

本案例根据图纸 ShiTi13.jpg 所示完成油箱盖零件建模,如图 13-1 所示:

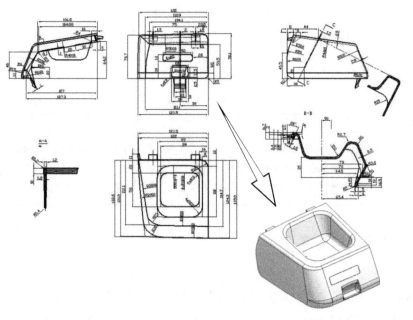

图 13-1　建模示意图

13.1.2 零件建模思路

通过观察图纸,发现油箱盖零件有很多圆角,而且许多结构存在对称关系,因此制作过程中要考虑好圆角的先后顺序,并可以通过【镜像体】命令简化对称结构的操作步骤。制作过程主要把油箱盖零件分为主体和结构两部分,主体由曲面增厚获得,结构需要根据图纸一个个建构出来,然后和零件主体求和到一起,最后进行圆角处理。具体如图 13-2 所示:

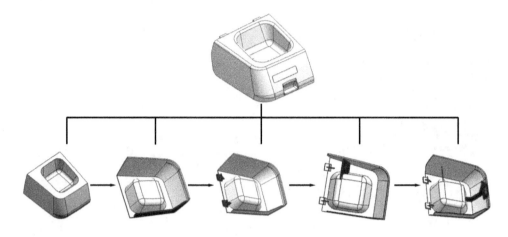

图 13-2　建模流程示意

13.2　知识链接

13.2.1　常用命令

本案例中使用到的 NX 命令参考,如表 13-1 所示。

表 13-1　常用命令

类别	命令名称
应用到命令	【草图】、【基准平面】、【扫掠】、【修剪与延伸】、【拔模】【有界平面】、【缝合】、【边倒圆】、【拉伸】、【替换面】【求和】、【镜像体】、【修剪片体】、【投影曲线】、【直纹】【加厚】、【修剪体】【偏置区域】、【抽取体】、【求差】【扩大】、【实例几何体】

13.2.2　重点命令复习

1. 基准平面

通过【基准平面】命令可以建立一平面的参考特征,以帮助定义其他特征。单击【特征】工具条上的【基准平面】命令,命令图标 ▢ ,弹出如图 13-3 所示的对话框。常用的几种【基准平面】对话框的【类型】含义如下。

图 13-3　基准平面命令

➢ 自动判断：根据用户选择的对象，自动判断并生成基准平面。

按某一距离：所创建的基准平面与指定的面平行，其间隔距离由用户指定。需要指定两个参数：参考平面、距离值。

➢ 成一角度：所创建的基准平面通过指定的轴，且与指定的平面成指定的角度。

➢ 曲线和点：其子类型有：曲线和点、一点、两点、三点、点和曲线/轴、点和平面/面等。常用的有三点、曲线和点。三点方式下只需任意选择三点，即可创建通过所选三点的基准平面。"曲线和点"方式则创建一个通过指定的点，且与所选择的曲线垂直的基准平面。需要指定两个参数：平面通过的点、平面垂直的曲线。

➢ 两直线：根据所选择的两直线创建基准平面。若两条直线共面，则所创建的基准平面通过指定的两条直线；反之，则所创建的基准平面通过第一条直线，且与第二条直线平行。

➢ 在曲线上：所创建的基准平面通过曲线上的一点，且与曲线垂直。

2. 缝合

使用【缝合】命令可以将两个或更多片体连结成一个片体。如果这组片体包围一定的体积，则创建一个实体。单击【特征】工具条中的【缝合】命令，命令图标　，弹出如图 13-4 所示的对话框。

3. 有界平面

使用【有界平面】可以创建由一组端相连的平面曲线封闭的平面片体，注意曲线必须共面且形成封闭形状。如图 13-5 所示：

图 13-4　缝合命令

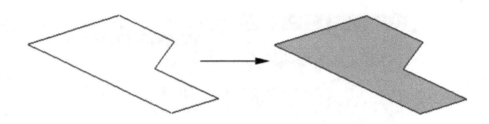

图 13-5 有界平面创建示意图

单击【曲面】工具条的【有界平面】命令，命令图标 ，弹出如图 13-6 所示的对话框。

图 13-6 有界平面命令

4. 修剪片体

【修剪片体】是指利用曲线、边缘、曲面或基准平面去修剪片体的一部分。单击【曲面】工具条的【修剪片体】命令图标，弹出如图 13-7 所示的对话框。

该对话框中各选项含义如所示。

➢ 目标：要修剪的片体对象。

➢ 边界对象：去修剪目标片体的工具如曲线、边缘、曲面或基准平面等。

➢ 投影方向：当边界对象远离目标片体时，可通过投影将边界对象（主要是曲线或边缘）投影在目标片体上，以进行投影。投影的方法有垂直于面、垂直于曲线平面和沿矢量。

➢ 区域：要保留或是要移除的那部分片体。

➢ 保持：选中此单选按钮，保留光标选择片体的部分。

➢ 舍弃：选中此单选按钮，移除光标选择片体的部分。

➢ 保存目标：修剪片体后仍保留原片体。

图 13-7 修剪片体

> 输出精确的几何体:选择此复选框,最终修剪后片体精度最高。
> 公差:修剪结果与理论结果之间的误差。

5. 投影曲线

【投影曲线】是指将曲线或点投影到曲面上,超出投影曲面的部分将被自动截取。单击
【曲线】工具条上的【投影曲线】命令图标 ,即可弹出如图 13-8(a)所示的对话框。

要将曲线或点向曲面投影,除了需要指定被投影的曲线和曲面外,还要注意对投影方向
的正确选择。投影方向可以是:沿面的法向、朝向点、朝向直线、沿矢量、与矢量所成的角度
和等圆弧长等。

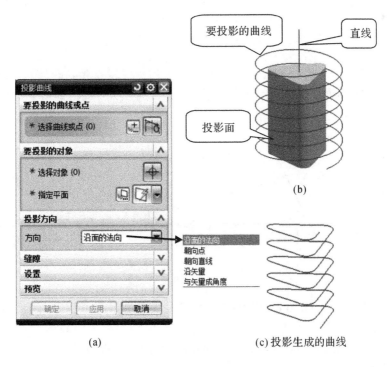

图 13-8　投影曲线

> 沿面的法向(Along Face Normals):将所选点或曲线沿着曲面或平面的法线方向投
影到此曲面或平面上,如图 13-9 所示。

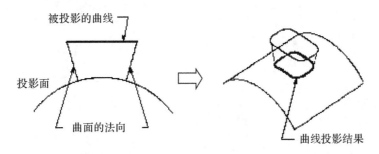

图 13-9　沿面的法向

➤ 朝向点（Toward a Point）：将所选点或曲线与指定点相连，与投影曲面的交线即为点或曲线在投影面上的投影，如图 13-10 所示。

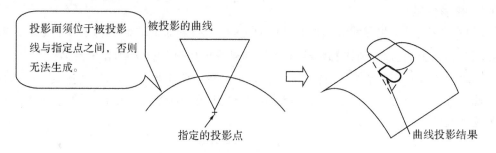

图 13-10　朝向点

➤ 朝向直线（Toward a line）：将所选点或曲线向指定线投影，在投影面上的交线即为投影曲线，投影曲面须处于被投影线与指定点之间，否则无法生成。如图 13-11 所示。

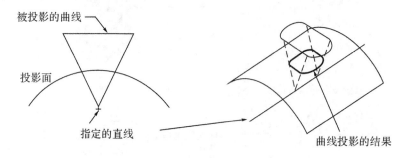

图 13-11　朝向直线

➤ 沿矢量（Along a Vector）：将所选的点或曲线沿指定的矢量方向投影到投影面上，如图 13-12 所示。

➤ 与矢量所成的角度（At Angle to Vector）：与【沿矢量】相似，除了指定一个矢量外，还需要设置一个角度，如图 13-12 所示。

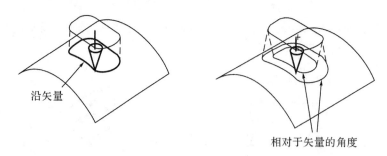

图 13-12　按矢量投影

6. 直纹

【直纹】（Ruled Surface）又称为规则面，可看作由一系列直线连接两组线串上的对应点而编织成的一张曲面。每组线串可以是单一的曲线，也可以由多条连续的曲线、体（实体或曲面)边界组成。因此,直纹面的建立应首先在两组线串上确定对应的点,然后用直线将对应点连接起来。对齐方式决定了两组线串上对应点的分布情况,因而直接影响直纹面的形状。

1)【直纹】工具提供了 6 种对齐方式。

➤ 参数对齐方式:在 UG NX 中,曲线是以参数方程来表述的。参数对齐方式下,对应点就是两条线串上的同一参数值所确定点。

➤ 等弧长对齐方式:两条线串都进行 n 等分,得到 n+1 个点,用直线连接对应点即可得到直纹面。n 的数值是系统根据公差值自动确定的。

➤ 根据点对齐方式:由用户直接在两线串上指定若干个对应的点作为强制对应点。

➤ 脊线对齐式、距离对齐方式及角度对齐方式:在脊线上悬挂一系列与脊线垂直的平面,这些平面与两线串相交就得到一系列对应点。距离对齐方式与角度对齐方式可看作是脊线对齐方式的特殊情况,距离对齐方式相当于以无限长的直线为脊线,角度对齐方式相当于以整圆为脊线。

2)案例说明创建直纹面。

➤ 单击【曲面】工具条上的【直纹】命令图标,弹出如图 13-13(a)所示的对话框。

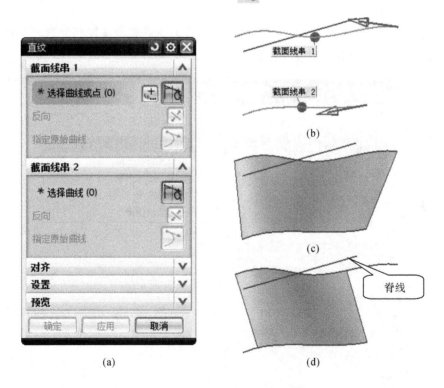

图 13-13　创建直纹面

➤ 指定两条线串:按所示选择线串。每条线串选择完毕都要按 MB2 确认,按下 MB2 后,相应的线串上会显示一个箭头,如图 13-13(b)所示。

➤ 指定对齐方式及其他参数:【对齐】下拉列表中选择【参数】,其余采用默认值,如图 13-13(a)所示。

➤ 单击【确定】按钮,结果如图 13-13(c)所示。

➤ 将【参数】对齐方式改为【脊线】对齐方式:双击步骤(4)所创建的直纹面,系统弹出【直纹面】对话框,将对齐方式改为【脊线】,并选择如图 13-13(d)所示的直线作为脊线,单击【确定】按钮即可创建脊线对齐方式下的直纹面,如图 13-13(d)所示。

3)对于大多数直纹面,应该选择每条截面线串相同端点,以便得到相同的方向,否则会得到一个形状扭曲的曲面,如图 13-14 所示。

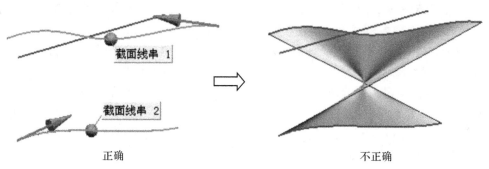

图 13-14 不良直纹面

7. 修剪和延伸

【修剪和延伸】是指使用由边或曲面组成的一组工具对象来延伸和修剪一个或多个曲面。单击【曲面】工具条的【修剪和延伸】命令,命令图标 ![icon],弹出如图 13-15 所示的对话框。

图 13-15 修剪和延伸命令

对话框中包含了 4 种修剪和延伸类型:按距离、已测量百分比、直至选定对象和制作拐角。前面两种类型主要用于创建延伸曲面,后面两种类型主要用于修剪曲面。

➢ 按距离:按一定距离来创建与原曲面自然曲率连续、相切或镜像的延伸曲面。不会发生修剪。

➢ 已测量百分比:按新延伸面中所选边的长度百分比来控制延伸面。不会发生修剪。

➢ 直至选定对象:修剪曲面至选定的参照对象,如面或边等。应用此类型来修剪曲面,修剪边界无须超过目标体。

➢ 制作拐角:在目标和工具之间形成拐角。

8. 加厚

使用【加厚】命令可以通过为一组面增加厚度来创建实体。单击【特征】工具条上的【加厚】命令图标 ,即可弹出如图 13-16 所示的对话框。

9. 修剪体

使用【修剪体】可以使用一个面或基准平面修剪一个或多个目标体。单击【特征操作】工具条上的【修剪体】命令图标 ,弹出【修剪体】对话框,如图 13-17 所示。

图 13-16　加厚命令

图 13-17　修剪体命令

当使用面修剪实体时,面的大小必须足以完全切过体,选择要保留的体的一部分,并且被修剪的体具有修剪几何体的形状。法矢的方向确定保留目标体的哪一部分。矢量指向远离保留的体的部分,如图 13-18 示。

10. 偏置区域

通过【偏置区域】命令可以在单个步骤中偏置一组面或整个体,并重新生成相邻圆角。单击【同步建模】工具条上的【偏置区域】命令图标 ,弹出【偏置区域】对话框如图 13-19 所示。

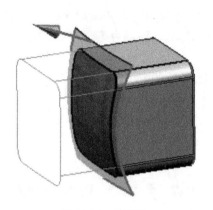

图 13-18　修剪体　　　　　　　　　图 13-19　偏置区域命令

【偏置区域】在很多情况下和【特征操作】工具条中的【偏置面】效果相同，但碰到圆角时会有所不同，如图 13-20 所示。

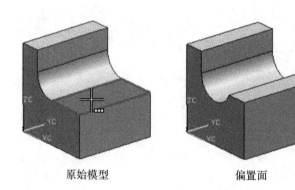

原始模型　　　　　　　　偏置面　　　　　　　　偏置区域

图 13-20　命令对比

11. 抽取体

通过【抽取体】命令，可以通过复制一个面、一组面或另一个体来创建体。单击【特征】工具条上的【抽取体】命令图标，弹出【抽取体】对话框如图 13-21 所示。

12. 拔模

使用【拔模】命令可以将实体模型上的一张或多张面修改成带有一定倾角的面。拔模操作在模具设计中非常重要，若一个产品存在倒拔模的问题，则该模具将无法脱模。

单击【特征操作】工具条中的【拔模】命令，命令图标，弹出如图 13-22 所示的对话框。

图 13-21　抽取体命令

图 13-22　拔模命令

共有四种拔模操作类型:【从平面】、【从边】、【与多个面相切】以及【至分型边】,其中前两种操作最为常用。

1)从平面

从固定平面开始,与拔模方向成一定的拔模角度,对指定的实体进行拔模操作,如图 13-23 所示。

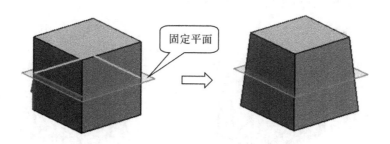

图 13-23　从平面拔模

所谓固定平面是指该处的尺寸不会改变。

2)从边

从一系列实体的边缘开始,与拔模方向成一定的拔模角度,对指定的实体进行拔模操作,如图 13-24 所示。

3)与多个面相切

与多个面相切:如果拔模操作需要在拔模操作后保持要拔模的面与邻近面相切,则可使用此类型。此处,固定边缘未被固定,而是移动的,以保持选定面之间的相切约束,选择相切面时一定要将拔模面和相切面一起选中,这样才能创建拔模特征。如图 13-25 所示。

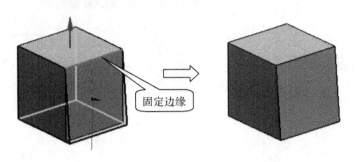

图 13-24　从边拔模

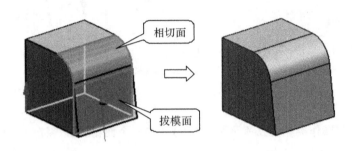

图 13-25　与多个面相切拔模

4）至分型边

主要用于分型线在一张面内,对分型线的单边进行拔模,在创建拔模之前,必须通过"分割面"命令用分型线分割其所在的面。如图 13-26 所示。

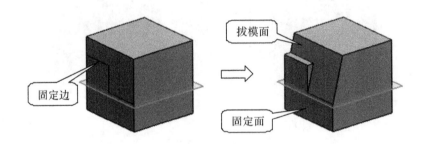

图 13-26　按照分型边拔模

13. 求差

通过【求差】命令,可以从目标体中减去刀具体的体积,即将目标体中与刀具体相交的部分去掉,从而生成一个新的实体,单击【特征操作】工具条上的【求差】命令图标 ,弹出如图 13-27【求差】对话框。

求差的时候,目标体与刀具体之间必须有公共的部分,体积不能为零。如图 13-28所示。

图 13-27　求差命令

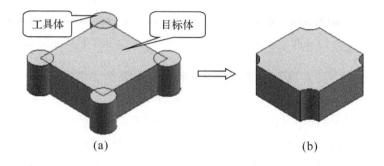

(a)　　　　　　　　　　　　　　　　　　　　(b)

图 13-28　求差示意图

14．镜像体

使用【镜像体】命令可以把选中的体元素通过镜像面进行镜像。单击【特征】工具条上的【镜像体】命令，命令图标 ，弹出如图 13-29 所示的对话框。

15．扩大

【扩大】是指将未修剪过的曲面扩大或缩小。扩大功能与延伸功能类似，但只能对未经修剪过的曲面扩大或缩小，并且将移除曲面的参数。单击【编辑曲面】工具条上的【扩大】命令图标 ，弹出如图 13-30 所示的对话框。

该对话框中各选项含义如下：

➤ 选择面：选择要扩大的面。

➤ 调整大小参数：设置调整曲面大小的参数。

➤ 全部：选择此复选框，若拖动下面的任一数值滑块，则其余数值滑块一起被拖动，即曲面在 U、V 方向上被一起放大或缩小。

➤ ％U 起点／％U 终点／％V 起点、％V 终点：指定片体各边的修改百分比。

图 13-29　镜像体命令

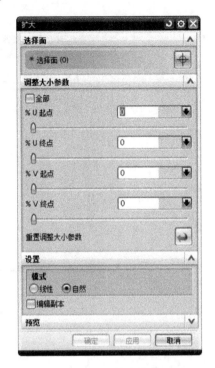

图 13-30　扩大命令

> 重置调整大小参数：使数值滑块或参数回到初始状态。
> 模式：共有线性和自然两种模式，如图 13-31 所示。
> 线性：在一个方向上线性延伸片体的边。线性模式只能扩大面，不能缩小面。
> 自然：顺着曲面的自然曲率延伸片体的边。自然模式可增大或减小片体的尺寸。
> 编辑副本：对片体副本执行扩大操作。如果没有选择此复选框，则将扩大原始片体。

原始片体　　　　　　　　线性延伸30%　　　　　　　　自然延伸30%

图 13-31　扩大的两种模式

16. 实例几何体

【实例几何体】是指将几何特征复制到各种图样阵列中。单击【特征】工具条上的【实例几何体】命令图标，弹出如图 13-32 所示的对话框。

17. 扫掠

【扫掠】就是将轮廓曲线沿空间路径曲线扫描，从而形成一个曲面。扫描路径称为引导线串，轮廓曲线称为截面线串。单击【曲面】工具条的【扫掠】命令，命令图标，弹出如图 13-33 所示的【扫掠】对话框。

图 13-32　实例几何体命令

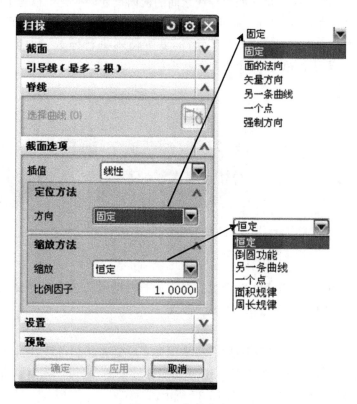

图 13-33　扫掠命令

1)引导线

➤ 引导线(Guide)可以由单段或多段曲线(各段曲线间必须相切连续)组成,引导线控制了扫掠特征沿着 V 方向(扫掠方向)的方位和尺寸变化。扫掠曲面功能中,引导线可以有 1～3 条。

若只使用一条引导线,则在扫掠过程中,无法确定截面线在沿引导线方向扫掠时的方位(例如可以平移截面线,也可以平移的同时旋转截面线)和尺寸变化,如图 13-34 所示。因此只使用一条引导线进行扫掠时需要指定扫掠的方位与放大比例两个参数。

图 13-34　一条引导线示意图

➤ 若使用两条引导线,截面线沿引导线方向扫掠时的方位由两条引导线上各对应点之间的连线来控制,因此其方位是确定的,如图 13-35 所示。由于截面线沿引导线扫掠时,截面线与引导线始终接触,因此位于两引导线之间的横向尺寸的变化也得到了确定,但高度方向(垂直于引导线的方向)的尺寸变化未得到确定,因此需要指定高度方向尺寸的缩放方式:横向缩放方式(Lateral):仅缩放横向尺寸,高度方向不进行缩放。均匀缩放方式(Uniform):截面线沿引导线扫掠时,各个方向都被缩放。

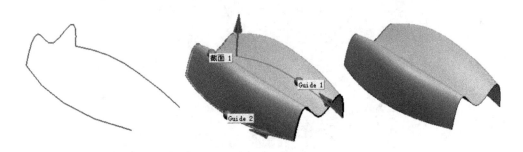

图 13-35　二条引导线示意图

➤ 使用三条引导线,截面线在沿引导线方向扫掠时的方位和尺寸变化得到了完全确定,无需另外指定方向和比例,如图 13-36 所示。

2)截面线

截面线可以由单段或者多段曲线(各段曲线间不一定是相切连续,但必须连续)所组成,截面线串可以有 1～150 条。如果所有引导线都是封闭的,则可以重复选择第一组截面线串,以将它作为最后一组截面线串,图 13-37 所示。

如果选择两条以上截面线串,扫掠时需要指定插值方式(Interpolation Methods),插值

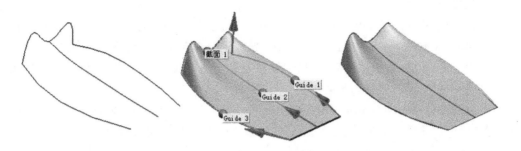

图 13-36　三条引导线示意图

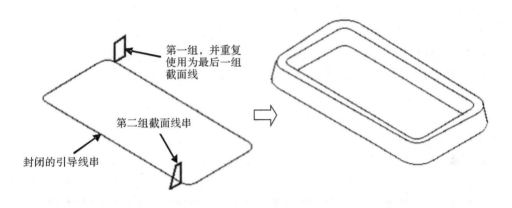

第一组，并重复使用为最后一组截面线

第二组截面线串

封闭的引导线串

图 13-37　截面线示意图

方式用于确定两组截面线串之间扫描体的过渡形状。两种插值方式的差别如图 13-38 所示。

线性(Linear)：在两组截面线之间线性过渡。

三次(Cubic)：在两组截面线之间以三次函数形式过渡。

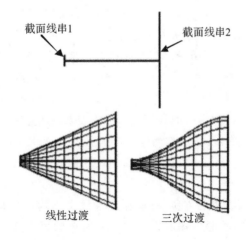

截面线串1

截面线串2

线性过渡

三次过渡

图 13-38　两种插值示意图

3）方向控制

在两条引导线或三条引导线的扫掠方式中，方位已完全确定，因此，方向控制只存在于单条引导线扫掠方式。关于方向控制的原理，扫掠工具中提供了 6 种方位控制方法。

➤ 固定的（Fixed）：扫掠过程中，局部坐标系各个坐标轴始终保持固定的方向，轮廓线在扫掠过程中也将始终保持固定的姿态。

➤ 面的法向（Faced Normals）：局部坐标系的 Z 轴与引导线相切，局部坐标系的另一轴的方向与面的法向方向一致，当面的法向与 Z 轴方向不垂直时，以 Z 轴为主要参数，即在扫掠过程中 Z 轴始终与引导线相切。“面的法向”从本质上来说就是“矢量方向”方式。

➤ 矢量方向（Vector Direction）：局部坐标系的 Z 轴与引导线相切，局部坐标系的另一轴指向所指定的矢量的方向。需注意的是此矢量不能与引导线相切，而且若所指定的方向与 Z 轴方向不垂直，则以 Z 轴方向为主，即 Z 轴始终与引导线相切。

➤ 另一曲线（Another Curve）：相当于两条引导线的退化形式，只是第二条引导线不起控制比例的作用，而只起方位控制的作用：引导线与所指定的另一曲线对应点之间的连线控制截面线的方位。

➤ 一个点（A Point）：与“另一曲线”相似，只是曲线退化为一点。这种方式下，局部坐标系的某一轴始终指向一点。

➤ 强制方向（Forced Direction）：局部坐标系的 Z 轴与引导线相切，局部坐标系的另一轴始终指向所指定的矢量的方向。需注意的是此矢量不能与引导线相切，而且若所指定的方向与 Z 轴方向不垂直，则以所指定的方向为主，即 Z 轴与引导线并不始终相切。

4）比例控制

三条引导线方式中，方向与比例均已经确定；两条引导线方式中，方向与横向缩放比例已确定，所以两条引导线中比例控制只有两个选择：横向缩放（Lateral）方式及均匀缩放（Uniform）方式。因此，这里所说的比例控制只适用于单条引导线扫掠方式。单条引导线的比例控制有以下 6 种方式。

➤ 恒定（Constant）：扫掠过程中，沿着引导线以同一个比例进行放大或缩小。

➤ 倒圆函数（Blending Function）：此方式下，需先定义起始与终止位置处的缩放比例，中间的缩放比例按线性或三次函数关系来确定。

➤ 另一条曲线（Another Curve）：与方位控制类似，设引导线起始点与“另一曲线”起始点处的长度为 a，引导线上任意一点与“另一曲线”对应点的长度为 b，则引导线上任意一点处的缩放比例为 b/a。

➤ 一个点（A Point）：与“另一曲线”类似，只是曲线退化为一点。

➤ 面积规律（Area Law）：指定截面（必须是封闭的）面积变化的规律。

➤ 周长规律（Perimeter Law）：指定截面周长变化的规律。

5）脊线

使用脊线可控制截面线串的方位，并避免在导线上不均匀分布参数导致的变形。当脊线串处于截面线串的法向时，该线串状态最佳。在脊线的每个点上，系统构造垂直于脊线并与引导线串相交的剖切平面，将扫掠所依据的等参数曲线与这些平面对齐，如图 13-39所示。

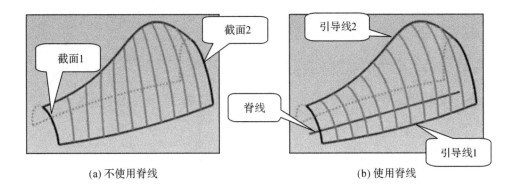

(a) 不使用脊线　　　　　　　　　(b) 使用脊线

图 13-39　脊线使用是否使用示意图

13.3　实施过程

1. 创建基准一,如图 13-40 所示。

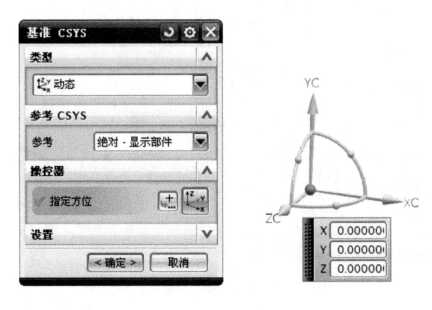

图 13-40　创建基准一

2. 使用【草图】命令,在基准一中的 YC-ZC 平面内,根据图纸创建草图一,如图 13-41 所示。

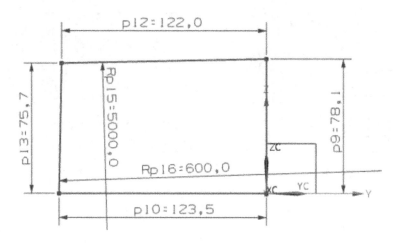

图 13-41　创建草图一

3. 使用【基准平面】命令,创建基准平面一,和基准一的 XC-YC 平面距离为 59.5,如图 13-42 所示。

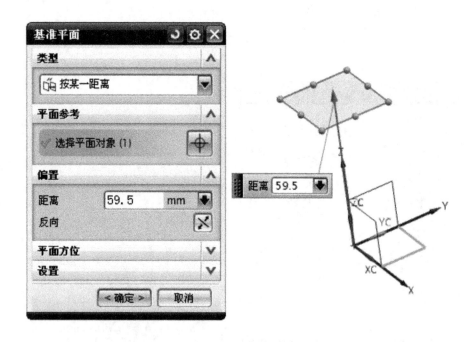

图 13-42　创建基准平面一

4. 使用【草图】命令,在基准平面一上根据图纸创建草图二,如图 13-43 所示。

5. 使用【草图】命令,在基准一中的 XC-YC 平面内,根据图纸创建草图三,如图 13-44 所示。

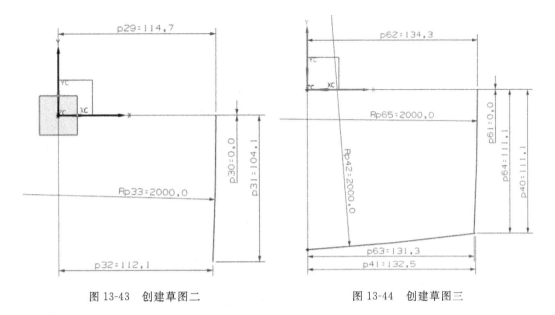

图 13-43　创建草图二   图 13-44　创建草图三

　　6. 使用【基准平面】命令，创建基准平面二，和基准一的 XC-YC 平面距离为 9.5，如图 13-45 所示。

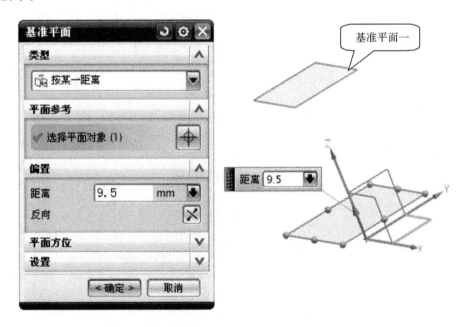

图 13-45　创建基准平面二

　　7. 使用【草图】命令，在基准平面一上根据图纸创建草图四，如图 13-46 所示。

　　8. 使用【草图】命令，在基准一中的 XC-ZC 平面内，根据图纸创建草图五，为一个 R4000 的圆弧，圆弧两端和草图一、草图二的曲线共端点，如图 13-47 所示。

　　9. 使用【草图】命令，在基准一中的 XC-ZC 平面内，根据图纸创建草图六，分别为 R500 和 R600 的圆弧，圆弧的端点和草图二、草图三、草图四的曲线共端点，如图 13-48 所示。

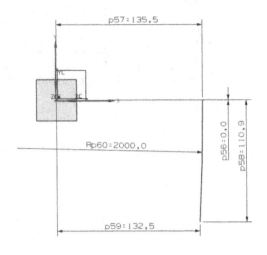

图 13-46　创建草图四

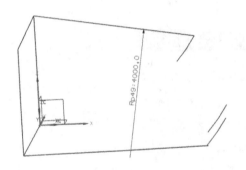

图 13-47　创建草图五

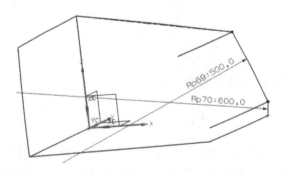

图 13-48　创建草图六

10. 使用【扫掠】命令,选取草图中的曲线制作出曲面一,如图 13-49 所示。其余三张曲面用同样的方法获得。

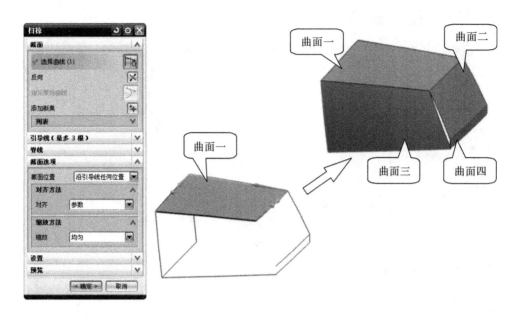

图 13-49 创建扫掠面

11. 使用【修剪和延伸】命令,延伸曲面三,使曲面三的长度要超过曲面二和曲面四,如图 13-50 所示。并通过同样的方式延伸曲面二和曲面四,其长度要超过曲面三。

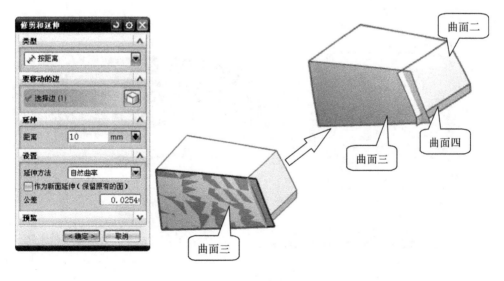

图 13-50 延伸曲面

12. 使用【修剪片体】命令,把曲面二、曲面三和曲面四之间的交叉部分相互裁剪干净,如图 13-51 所示。

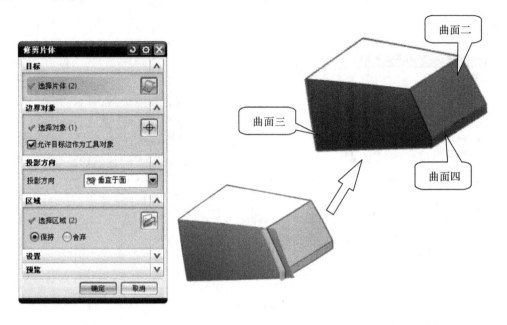

图 13-51　修剪片体

13. 使用【基准平面】命令,创建基准平面三,和基准一的 XC-YC 平面距离为 35,如图 13-52 所示。

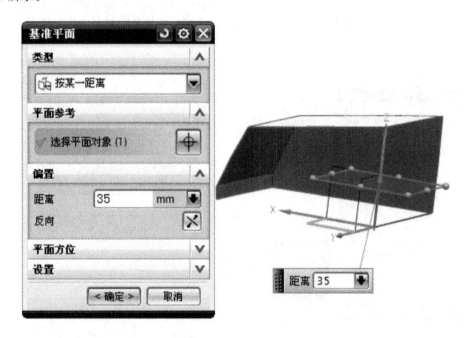

图 13-52　创建基准平面三

14. 使用【草图】命令，在基准平面三上根据图纸创建草图七，如图 13-53 所示。

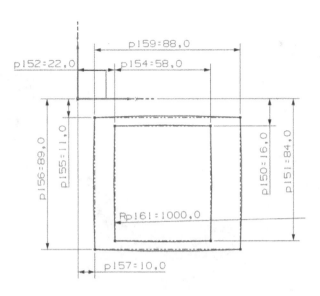

图 13-53　创建草图七

15. 使用【投影曲线】命令，投影草图七的曲线到顶平面，如图 13-54 所示。

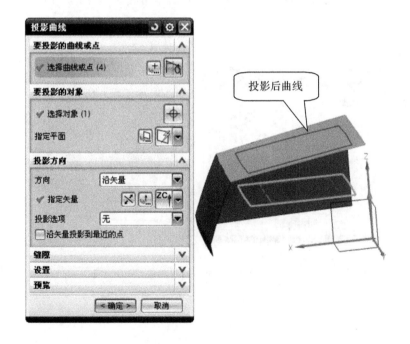

图 13-54　创建投影曲线

16. 使用【直纹】命令,创建凹槽侧面,四张侧面制作的方法一致,如图 13-55 所示。

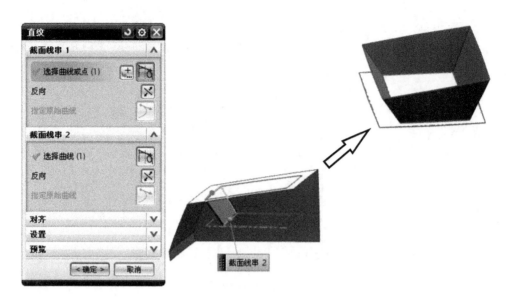

图 13-55　创建直纹面

17. 使用【有界平面】命令,选取凹槽底部边界制作出底面,如图 13-56 所示。

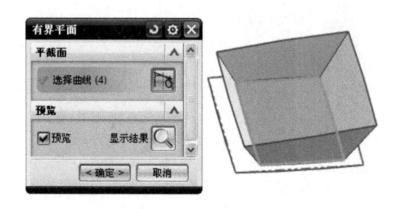

图 13-56　创建有界平面

18. 使用【修剪片体】命令，把顶面按照凹槽四周边界裁剪出来，如图 13-57 所示。

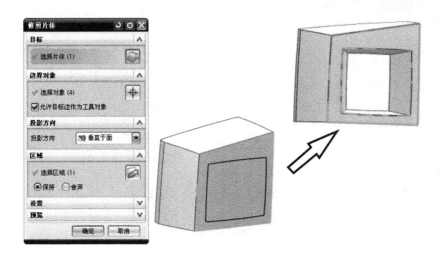

图 13-57　修剪顶面

19. 使用【缝合】命令，把所有片体缝合成一个体，如图 13-58 所示。

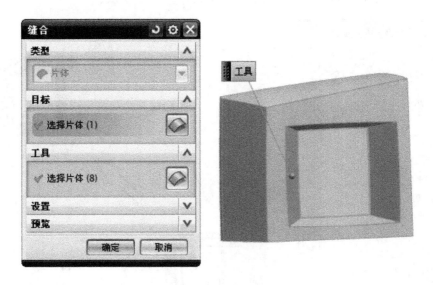

图 13-58　缝合片体

20. 使用【边倒圆】命令,使用【可变半径点】项创建凹槽四断边的渐变圆角,如图 13-59 所示。

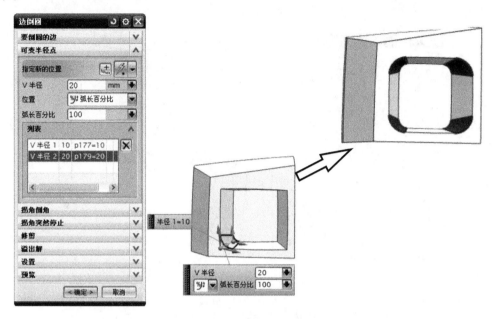

图 13-59　创建可变半径圆角

21. 使用【边倒圆】命令,创建凹槽底边圆角,如图 13-60 所示。

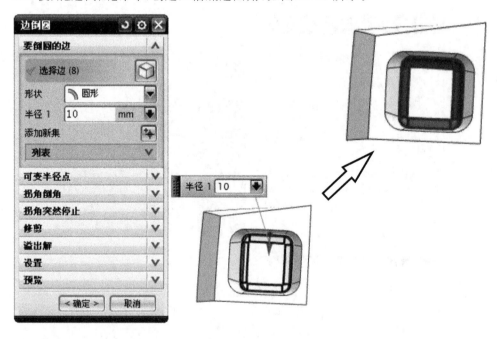

图 13-60　创建凹槽底部圆角

22. 使用【边倒圆】命令,使用【可变半径点】项创建一段半径 30 的圆角,一段半径由 30 到 25 渐变的圆角,如图 13-61 所示。

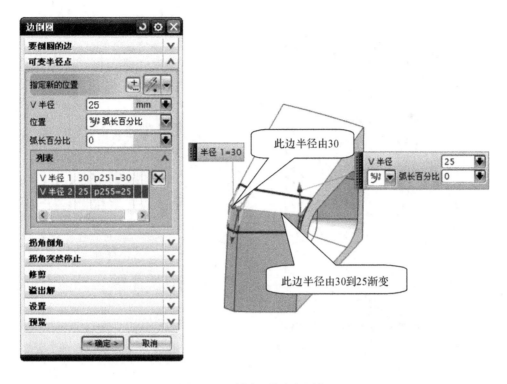

图 13-61　创建可变半径圆角

23. 使用【边倒圆】命令，创建 R15 的圆角，如图 13-62 所示。

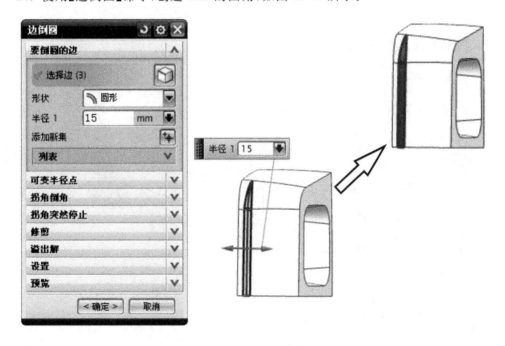

图 13-62　创建 R15 的圆角

24. 使用【增厚】命令，选取片体创建肉厚 2.5 的实体，如图 13-63 所示。

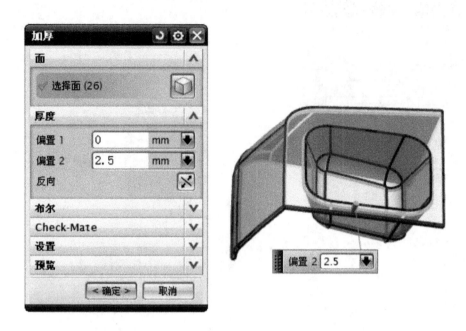

图 13-63　创建增厚实体

25. 使用【拉伸】命令,在基准一的 XC-ZC 平面内制作一条和 X 轴平行的直线,然后按照 Z 轴拉伸成一个平面,如图 13-64 所示。

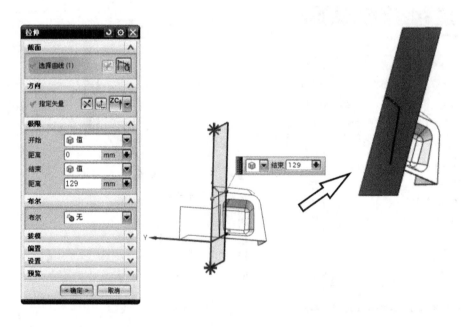

图 13-64　创建特征

26．使用【替换面】命令,按照图纸把主体侧面替换成上一步拉伸的直面,因为主体侧面是由【增厚】直接生成,侧面方向垂直于增厚面的法向方向。如图 13-65 所示。

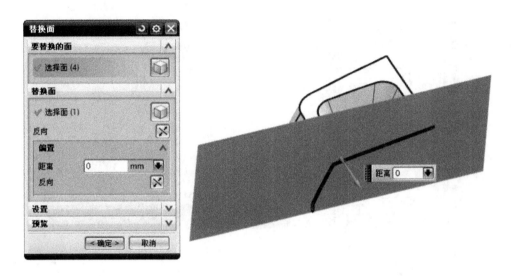

图 13-65　替换侧面

27．使用【草图】命令,在基准一的 XC-ZC 平面内根据图纸创建草图八,如图 13-66 所示。

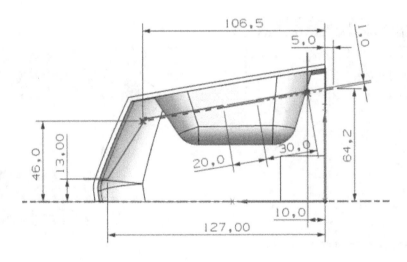

图 13-66　创建草图八

28．使用【拉伸】命令,拉伸 3.25 步骤中的直线,并偏置出实体,得到筋板主体如图 13-67 所示。

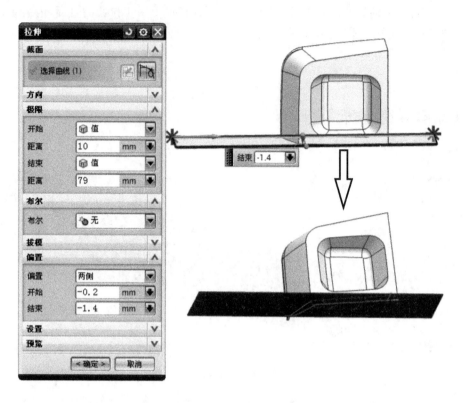

图 13-67　创建拉伸特征

29. 使用【偏置区域】命令,把筋板主体的一边缩减到草图八的范围里面同时要超出主体,如图 13-68 所示。

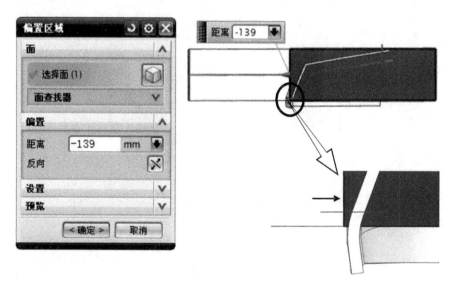

图 13-68　偏置筋板

30. 使用【拉伸】命令,依照基准一中 Y 轴方向,拉伸草图八中的曲线创建裁剪片体,如图 13-69 所示。

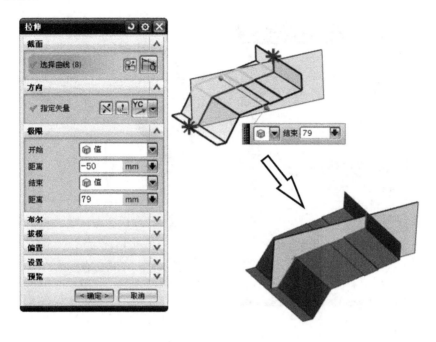

图 13-69　拉伸裁减片体

31. 使用【修剪体】命令,以上步操作中的拉伸曲面作为修剪刀具,裁剪筋板得到外形轮廓,如图 13-70 所示。

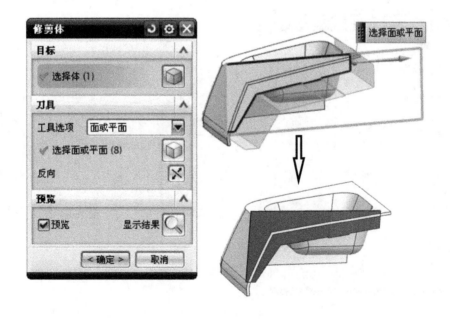

图 13-70　裁剪筋板

32. 使用【修剪体】命令,以主体外表面曲面作为修剪刀具,裁剪超出主体的筋板,如图 13-71 所示。

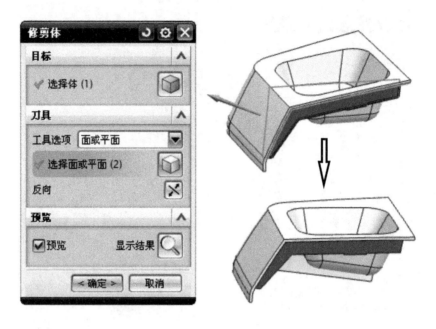

图 13-71　裁剪筋板

33. 使用【基准平面】命令,创建基准平面四,和基准一的 XC-YC 平面距离为 22.5,如图 13-72 所示。

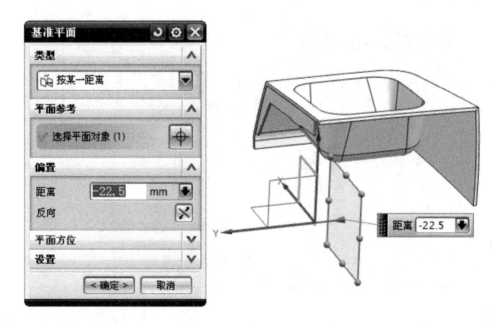

图 13-72　创建基准平面四

34．使用【草图】命令，在基准平面四中，根据图纸创建草图九，如图 13-73 所示。

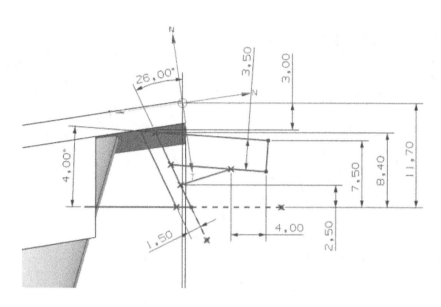

图 13-73 创建草图九

35．使用【拉伸】命令，依据草图几中的曲线拉伸卡扣机构，如图 13-74 所示，卡扣的其他机构也同样依照此方法得到。

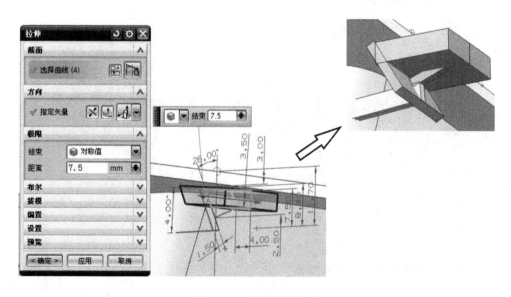

图 13-74 创建结构特征

36. 使用【替换面】命令,把拉伸的卡扣主体按照特征进行修正贴平,如图 13-75 所示。

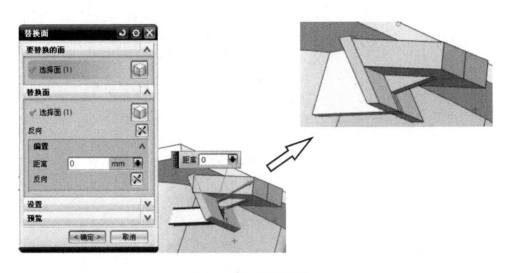

图 13-75　按照特征替换面

37. 使用【基准平面】命令,创建基准平面五,和基准平面四距离为 75,如图 13-76 所示。

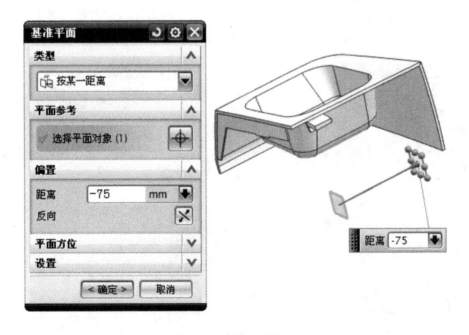

图 13-76　创建基准平面五

38. 使用【实例几何体】命令,选择前面环节制作的卡扣实体,依照基准四、基准五和主体边界的交点进行点对点移动复制,如图 13-77 所示。

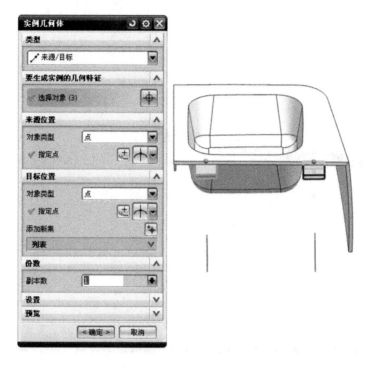

图 13-77　复制卡扣实体

39. 使用【替换面】命令,修正新得到的卡扣实体和主体相邻的面,使其相邻面贴合,如图 13-78 所示。

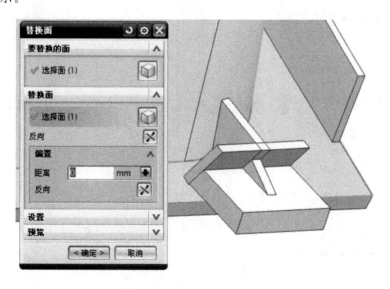

图 13-78　按照特征替换面

40. 使用【草图】命令,在基准平面五中,根据图纸创建草图十,如图 13-79 所示。

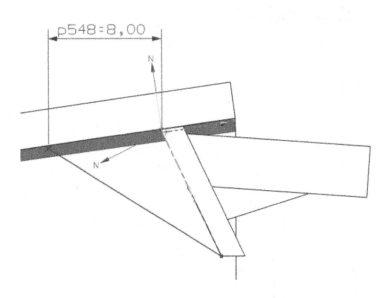

图 13-79　创建草图十

41. 使用【拉伸】命令,拉伸草图十的曲线,根据图纸指示筋板厚度 1.5 制作出筋板的基本体,如图 13-80 所示。

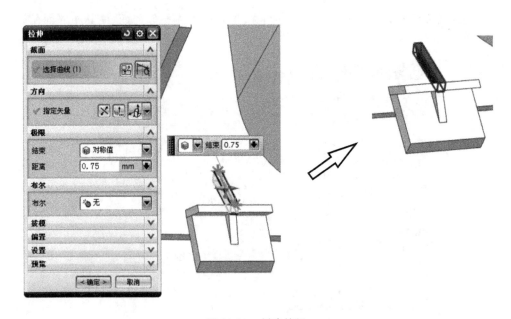

图 13-80　创建筋板

42. 使用【替换面】命令,通过使用三命令,把和主体、卡扣相邻的三张面次替换为贴合状态,成为最终一个三角形实体,如图 13-81 所示。

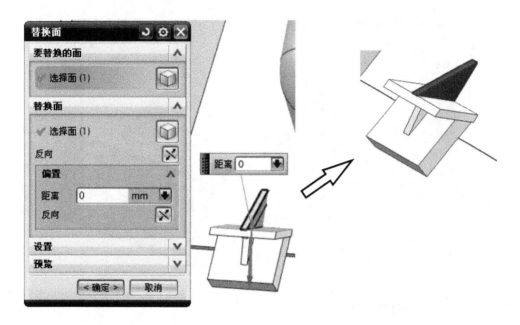

图 13-81　按照筋板特征替换面

43. 使用【草图】命令,在基准一的 XC-ZC 平面内,根据图纸创建草图十一,如图 13 82 所示。

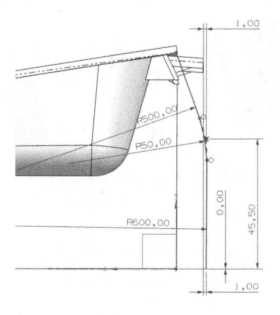

图 13-82　创建草图十一

44. 使用【扫掠】命令,选取草图十一中的曲线和主体边缘线制作出扫掠曲面,如图 13-83 所示。

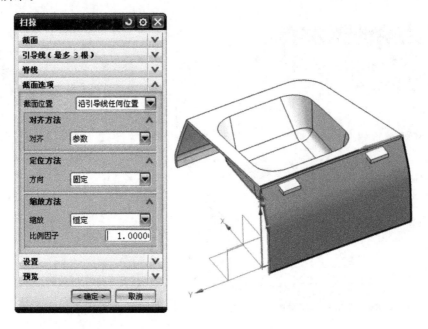

图 13-83　创建扫掠面

45. 使用【替换面】命令,把主体的侧面以上一节生成的扫掠面作为目标面进行替换,如图 13-84 所示。

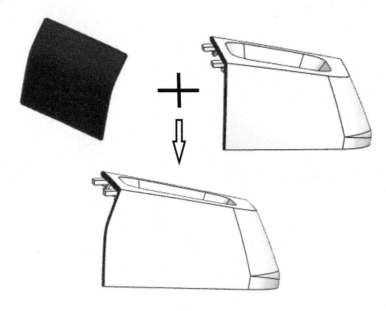

图 13-84　按照特征替换面

46. 使用【草图】命令,在基准一的 XC-ZC 平面内,根据图纸创建草图十二,如图 13-85 所示。

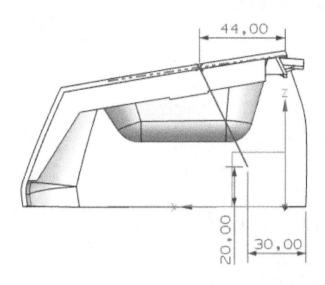

图 13-85　创建草图十二

47. 使用【拉伸】命令,拉伸草图十二的曲线,根据图纸指示筋板厚度 1.5 制作出筋板的基本体,如图 13-86 所示。

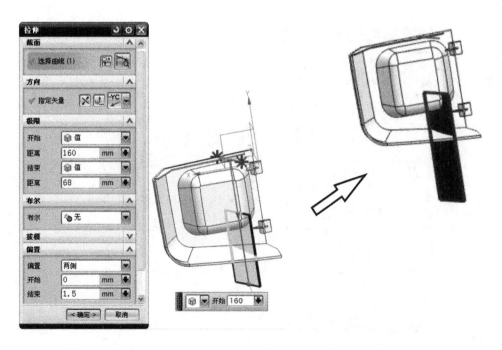

图 13-86　拉伸筋板主体

48. 使用【修剪体】命令，以主体表面作为修剪刀具，裁剪筋板，如图 13-87 所示。

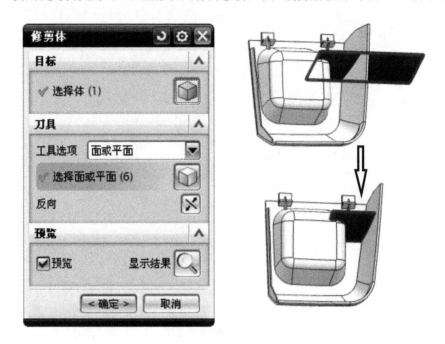

图 13-87　裁剪筋板

49. 使用【扩大】命令，扩大主体上的圆角用于裁剪筋板，注意扩大的圆角要大于被裁减的筋板，如图 13-88 所示。

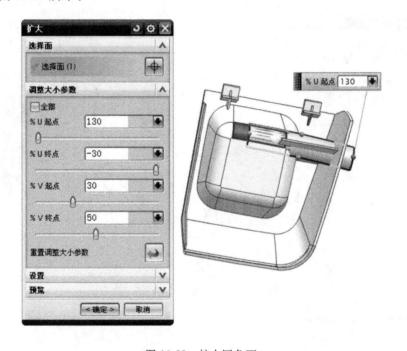

图 13-88　扩大圆角面

50. 使用【修剪体】命令,裁剪超过扩大圆角面的筋板实体部分,如图 13-89 所示。

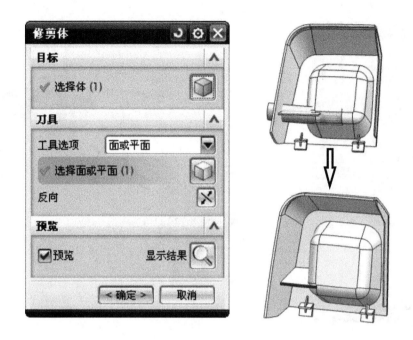

图 13-89　裁剪筋板

51. 使用【草图】命令,在基准一中的 YC-ZC 平面内,根据图纸创建草图十三,如图 13-90 所示。

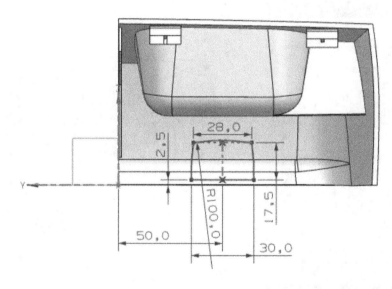

图 13-90　创建草图十三

52. 使用【拉伸】命令,拉伸草图十三的曲线,并在结束项选择贯通,直接获得拉伸裁剪体,如图 13-91 所示。

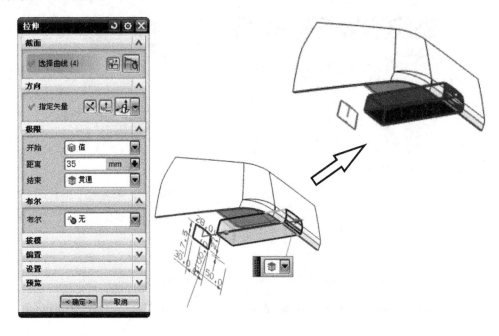

图 13-91　创建拉伸特征

53. 使用【基准平面】命令,创建基准平面六,和基准一的 XC-ZC 平面距离为 50,如图 13-92 所示。

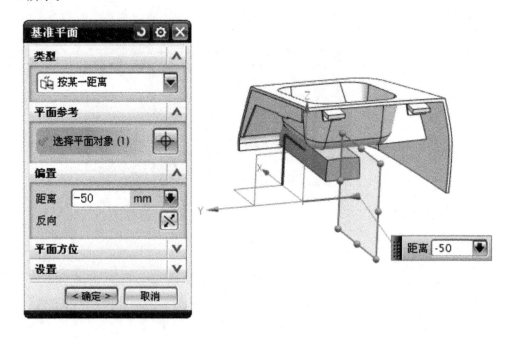

图 13-92　创建基准平面六

54. 使用【草图】命令,在基准平面六内,根据图纸创建草图十四,如图 13-93 所示。

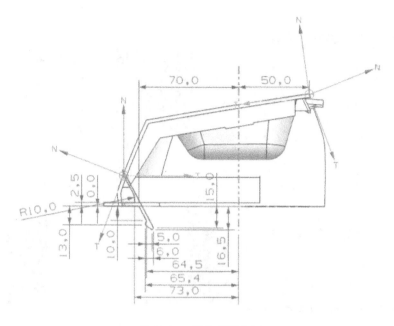

图 13-93　创建草图十四

55. 使用【扫掠】命令,选取草图十一中的曲线和主体边缘线制作出扫掠曲面,如图 13-94 所示。

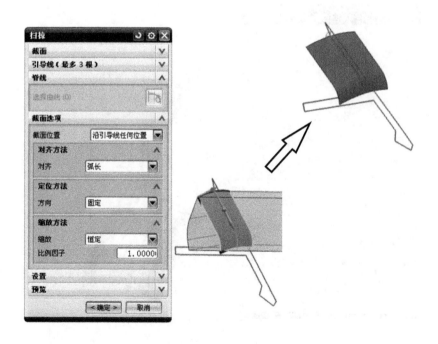

图 13-94　创建扫掠面

56. 使用【修剪和延伸】命令,延伸扫掠面,使延伸后的扫掠面大于被裁减的实体,如图 13-95 所示。

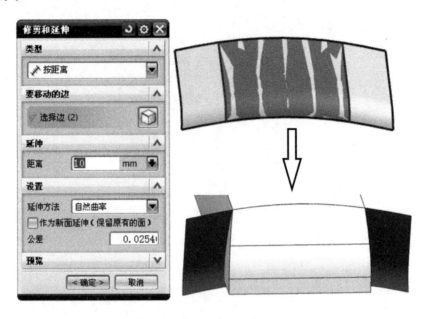

图 13-95　延伸扫掠面

57. 使用【修剪体】命令,以延伸的扫掠面作为修剪刀具,裁剪实体,如图 13-96 所示。

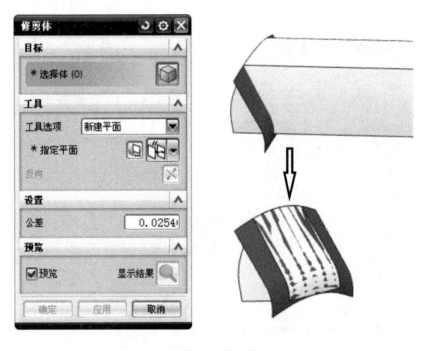

图 13-96　修剪体

58. 使用【加厚】命令,选取实体的四个面,创建一个肉厚 2.5 的实体,如图 13-97 所示。

图 13-97　创建加厚实体

59. 使用【拉伸】命令,拉伸草图十四的曲线,得到宽度 20 的卡勾实体,如图 13-98 所示。

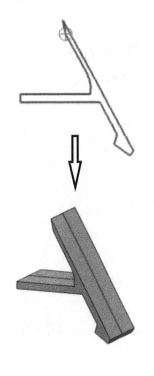

图 13-98　创建拉伸特征

60. 使用【边倒圆】命令,创建卡勾圆角,如图 13-99 所示。

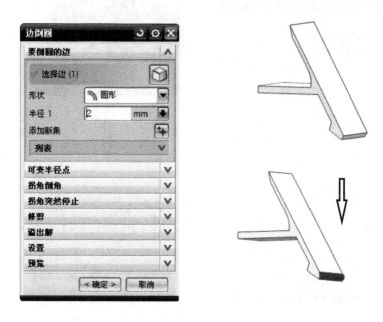

图 13-99　创建凹槽底部圆角

61. 使用【替换面】命令,把主体底部三张面向卡勾的平面进行替换,如图 13-100 所示。

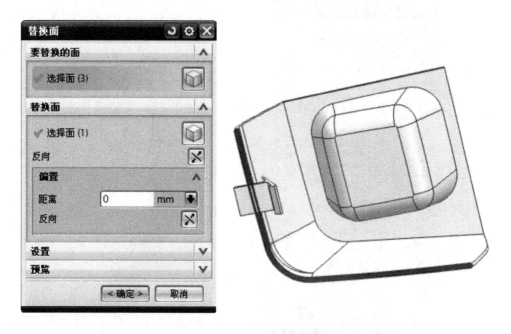

图 13-100　按照特征替换面

62. 使用【修剪体】命令,以主体内表面作为修剪刀具,裁剪增厚体,如图 13-101 所示。

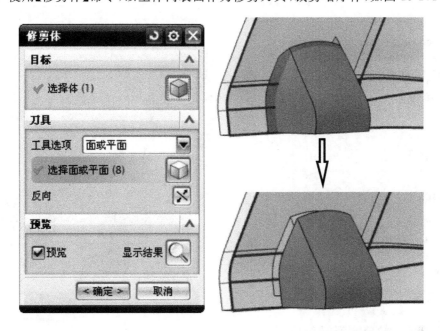

图 13-101　修剪体

63. 使用【求差】命令,利用步骤 52 求出的实体,得到零件主体上的缺口,如图 13-102 所示。

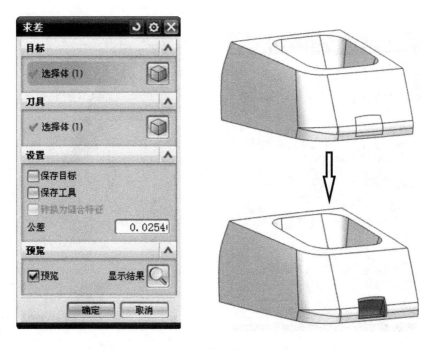

图 13-102　创建零件主体缺口

64. 使用【替换面】命令,把步骤 58 创建的壳体面向卡勾平面替换,如图 13-103 所示。

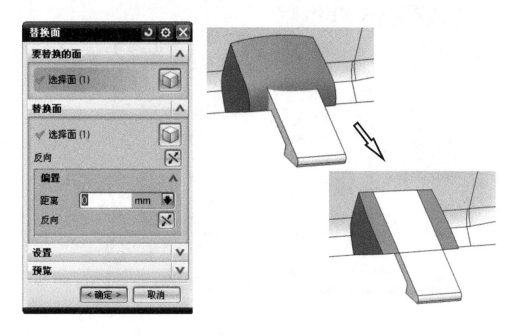

图 13-103　按照特征替换面

65. 使用【修剪体】命令,切除卡勾多余部分,如图 13-104 所示。

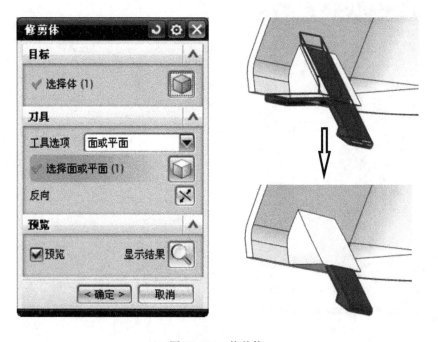

图 13-104　修剪体

66．使用【草图】命令，在基准平面六内，根据图纸创建草图十五，如图 13-105 所示。

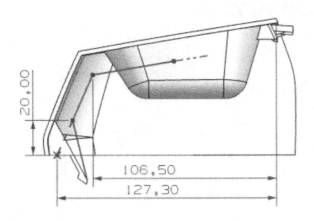

图 13-105　创建草图十五

67．使用【拉伸】命令，在基准一的 XC-ZC 平面内制作一条和 X 轴平行的直线，拉伸这条直线偏置到零件主体中心得到厚度 2 的筋板，如图 13-106 所示。

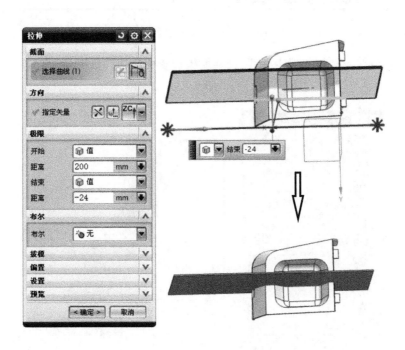

图 13-106　创建拉伸特征

68. 使用【拉伸】命令，拉伸草图十五的曲线，如图 13-107 所示。

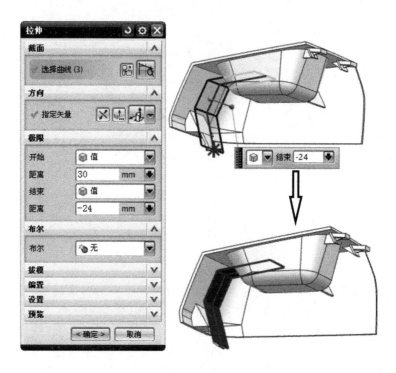

图 13-107　创建拉伸特征

69. 使用【替换面】命令，把步骤 67 创建筋板按照特征进行替换，如图 13-108 所示。

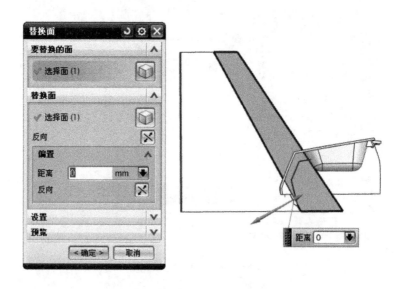

图 13-108　按照特征替换面

70. 使用【修剪体】命令,以主体内表面和步骤 68 拉伸的片体作为修剪刀具,裁剪筋板,如图 13-109 所示。

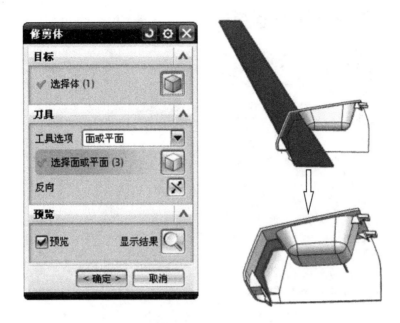

图 13-109 修剪体

71. 使用【拉伸】命令,拉伸卡勾的边缘制作卡勾的细节特征,如图 13-110 所示。

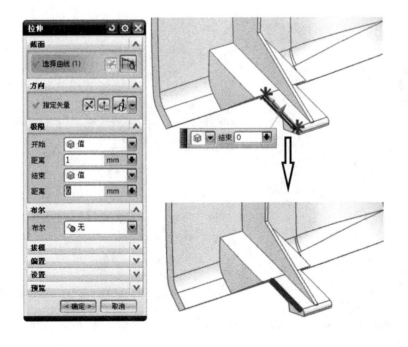

图 13-110 创建拉伸特征

72. 使用【替换面】命令，卡勾细节按照特征进行替换，如图 13-111 所示。

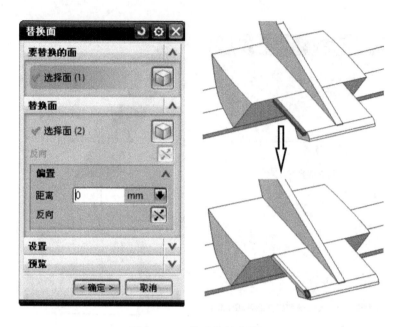

图 13-111　按照特征替换面

73. 使用【直纹】命令，依照卡扣细节特征的边缘创建直纹面，如图 13-112 所示。

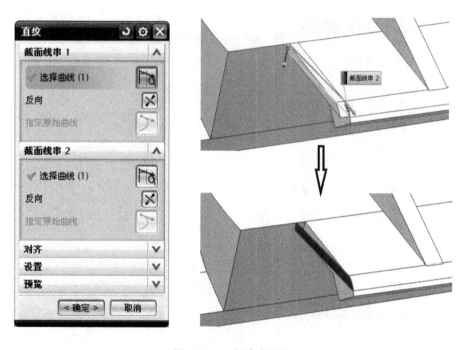

图 13-112　创建直纹面

74. 使用【修剪体】命令，按照上一步得到的直纹面修剪细节特征体，如图 13-113 所示。

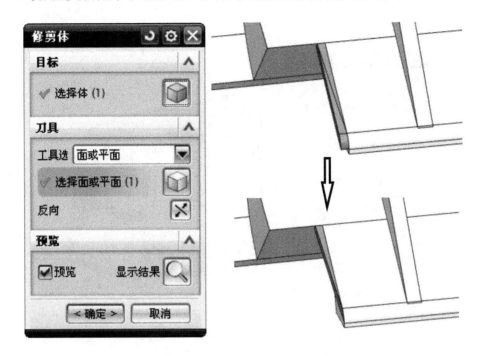

图 13-113　修剪体

75. 使用【镜像体】命令，以基准平面六为镜像面镜像卡勾细节特征，如图 13-114 所示。

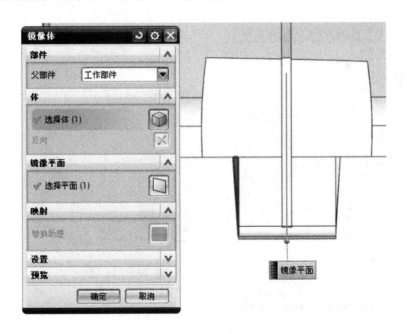

图 13-114　创建镜像特征

76. 使用【求和】命令,把所有实体布尔运算成一个整体,如图 13-115 所示。

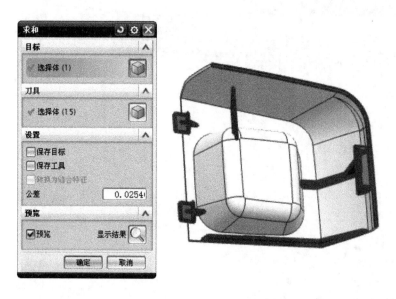

图 13-115　布尔运算

77. 使用【拔模】命令,选择筋板的底边进行拔模,拔模角度 0.5°,如图 13-116 所示。

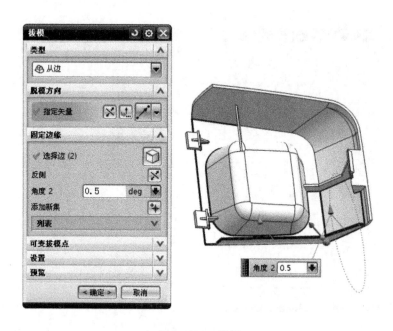

图 13-116　拔模

78. 使用【草图】命令，在基准一的 YC-ZC 平面内，根据图纸创建草图十六，如图 13-117
所示。

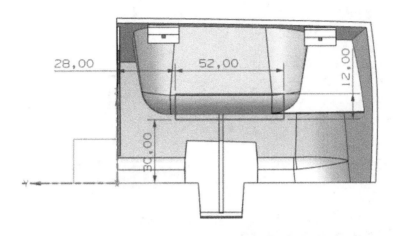

图 13-117　创建草图十六

79. 使用【抽取体】命令，选取零件主体上的面抽取片体，如图 13-118 所示。

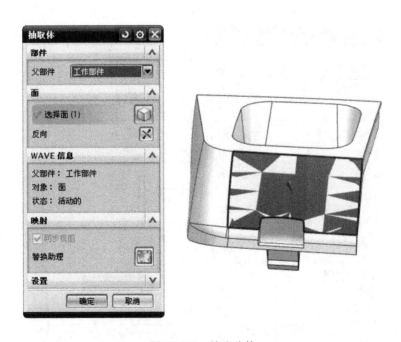

图 13-118　抽取片体

80. 使用【修剪片体】命令，把草图十六的曲线按照 X 轴方向投影到抽取的片体上进行
修剪，如图 13-119 所示。

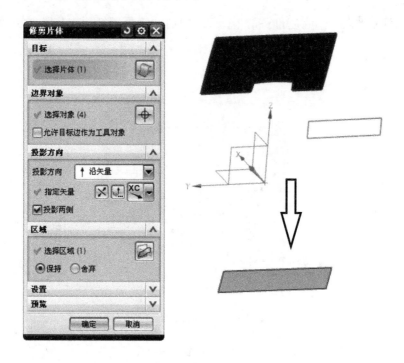

图 13-119　修剪片体

81. 使用【加厚】命令,使用布尔运算中的求差命令直接在零件主体上制作出 0.5 深度的凹槽,如图 13-120 所示。

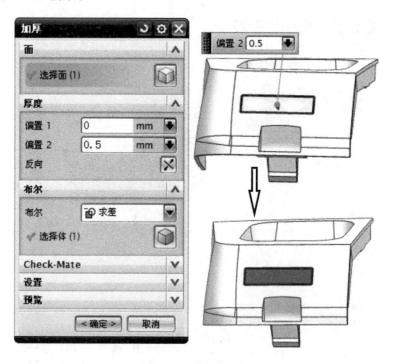

图 13-120　创建加厚求差实体

82. 使用【边倒圆】命令,按照图纸对零件实体进行圆角修饰,如图 13-121 所示。

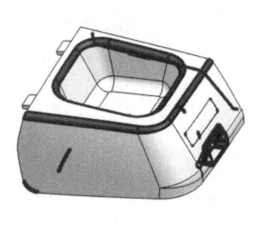

图 13-121　创建零件圆角

83. 最终模型,如图 13-122 所示。

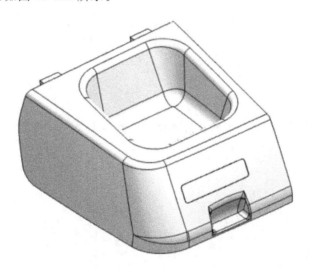

图 13-122　最终模型

13.4　总　结

　　油箱盖零件建模实例比较复杂,包含了大量不同位置的草图绘制,和各种对片体的制作和编辑,还有对体元素的制作和修剪,因此本案例是草图、曲面和实体命令相结合才能完成的案例。通过本案例的学习,可以熟练掌握零件建模的方式方法。

第 14 章　便携式吸尘器外壳零件建模

- 熟练使用 NX 部分命令。
- 掌握本案例的建模思路。
- 熟练完成便携式吸尘器外壳零件的图纸建模。

配套资源

- 参见光盘 14\ShiTi14-finish.prt。
- 参见光盘 14\ShiTi14.jpg。

难度系数

- ★★★★★

14.1　思路分解

14.1.1　案例说明

本案例根据图纸 ShiTi14.jpg 所示完成便携式吸尘器外壳零件建模,如图 14-1 所示:

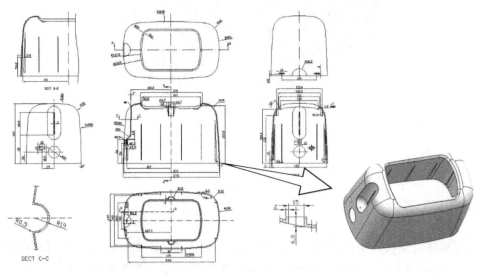

图 14-1　建模示意图

14.1.2　零件建模思路

通过观察图纸，发现便携式吸尘器外壳零件有很多筋板，而且存在着对称关系，因此制作过程中使用【镜像体】命令可以简化制作筋板的操作步骤，同时此零件为壳体，所有的结构和筋板都是在壳体上制作，所以便携式吸尘器外壳的建模思路为先壳体再结构，最后进行圆角处理。具体如图 14-2 所示。

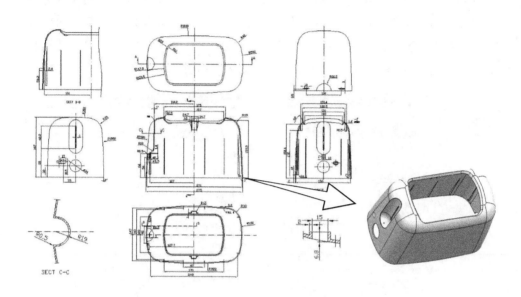

图 14-2　建模流程示意

14.2　知识链接

14.2.1　常用命令

本案例中使用到的 NX 命令参考，如表 14-1 所示。

表 14-1　常用命令

类别	命令名称
应用到命令	【草图】、【基准平面】、【扫掠】、【修剪与延伸】、【拔模】、【缝合】【修剪片体】、【投影曲线】、【直纹】、【加厚】、【修剪体】、【求差】、【镜像体】、【偏置区域】、【边倒圆】、【拉伸】、【求和】

14.2.2 重点命令复习

1. 草图

草图是 UG NX 软件中建立参数化模型的一个重要工具。草图与曲线功能相似,也是一个用来构建二维曲线轮廓的工具,其最大的特点是绘制二维图时只需先绘制出一个大致的轮廓,然后通过约束条件来精确定义图形。当约束条件改变时,轮廓曲线也自动发生改变,因而使用草图功能可以快捷、完整地表达设计者的意图。绘制草图的一般步骤如下:

➢ 新建或打开部件文件;在进入草图任务环境之前,必须先新建草图或打开已有的草图。单击【直接草图】工具条上的【草图】命令,命令图标 ![]，弹出【创建草图】对话框。对话框中包含两种创建草图的类型:在平面上和在轨迹上。如图 14-3 所示。

图 14-3 草图两种创建方法

➢ 检查和修改草图参数预设置;草图参数预设置是指在绘制草图之前,设置一些操作规定。这些规定可以根据用户自己的要求而个性化设置,但是建议这些设置能体现一定的意义,如草图首选项如图 14-4 所示。

➢ 创建和编辑草图对象;草图对象是指草图中的曲线和点。建立草图工作平面后,就可以直接绘制草图对象或者将图形窗口中的点、曲线、实体或片体上的边缘线等几何对象添加到草图中,如图 14-5 所示。

➢ 定义约束;约束限制草图的形状和大小,包括几何约束(限制形状)和尺寸约束(限制大小)。调用了【约束】命令后,系统会在未约束的草图曲线定义点处显示自由度箭头符号,也就是相互垂直的红色小箭头,红色小箭头会随着约束的增加而减少。当草图曲线完全约束后,自由度箭头也会全部消失,并在状态栏中提示"草图已完全约束"。草图主要的约束命令如图 14-6 所示。

(a) 草图样式选项卡

(b) 会话设置选项卡

图 14-4　草图首选项

图 14-5　草图绘制工具对话框

图 14-6　草图约束的主要命令

➢ 完成草图,退出草图生成器。

2. 基准平面

通过【基准平面】命令可以建立一平面的参考特征,以帮助定义其他特征。单击【特征】工具条上的【基准平面】命令,命令图标 □,弹出如图 14-7 所示的对话框。常用的几种【基准平面】对话框的【类型】含义如下。

➢ 自动判断:根据用户选择的对象,自动判断并生成基准平面。

➢ 按某一距离:所创建的基准平面与指定的面平行,其间隔距离由用户指定。需要指定两个参数:参考平面、距离值。

➢ 成一角度:所创建的基准平面通过指定的轴,且与指定的平面成指定的角度。

➢ 曲线和点:其子类型有:曲线和点、一点、两点、三点、点和曲线/轴、点和平面/面等。

图 14-7　基准平面命令

常用的有三点、曲线和点。三点方式下只需任意选择三点,即可创建通过所选三点的基准平面。"曲线和点"方式则创建一个通过指定的点,且与所选择的曲线垂直的基准平面。需要指定两个参数:平面通过的点、平面垂直的曲线。

➢ 两直线:根据所选择的两直线创建基准平面。若两条直线共面,则所创建的基准平面通过指定的两条直线;反之,则所创建的基准平面通过第一条直线,且与第二条直线平行。

➢ 在曲线上:所创建的基准平面通过曲线上的一点,且与曲线垂直。

3. 扫掠

【扫掠】就是将轮廓曲线沿空间路径曲线扫描,从而形成一个曲面。扫描路径称为引导线串,轮廓曲线称为截面线串。单击【曲面】工具条的【扫掠】命令,命令图标 ，弹出如图 14-8所示的【扫掠】对话框。

1)引导线

引导线(Guide)可以由单段或多段曲线(各段曲线间必须相切连续)组成,引导线控制了扫掠特征沿着 V 方向(扫掠方向)的方位和尺寸变化。扫掠曲面功能中,引导线可以有 1～3 条。

➢ 若只使用一条引导线,则在扫掠过程中,无法确定截面线在沿引导线方向扫掠时的方位(例如可以平移截面线,也可以平移的同时旋转截面线)和尺寸变化,如图 14-9 所示。因此只使用一条引导线进行扫掠时需要指定扫掠的方位与放大比例两个参数。

➢ 若使用两条引导线,截面线沿引导线方向扫掠时的方位由两条引导线上各对应点之间的连线来控制,因此其方位是确定的,如图 14-10 所示。由于截面线沿引导线扫掠时,截面线与引导线始终接触,因此位于两引导线之间的横向尺寸的变化也得到了确定,但高度方向(垂直于引导线的方向)的尺寸变化未得到确定,因此需要指定高度方向尺寸的缩放方式:横向缩放方式(Lateral):仅缩放横向尺寸,高度方向不进行缩放。均匀缩放方式(Uniform):截面线沿引导线扫掠时,各个方向都被缩放。

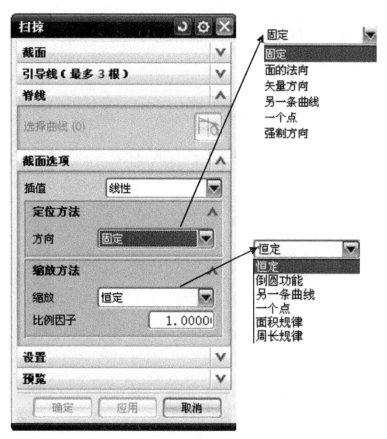

图 14-8　扫掠命令

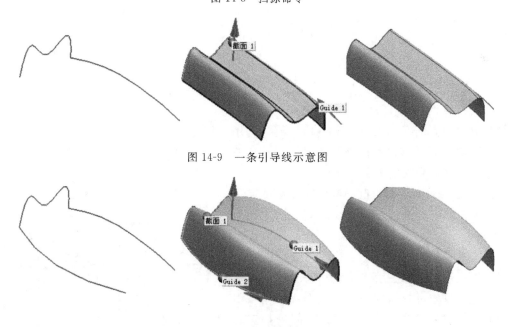

图 14-9　一条引导线示意图

图 14-10　二条引导线示意图

➤ 使用三条引导线,截面线在沿引导线方向扫掠时的方位和尺寸变化得到了完全确定,无需另外指定方向和比例,如图 14-11 所示。

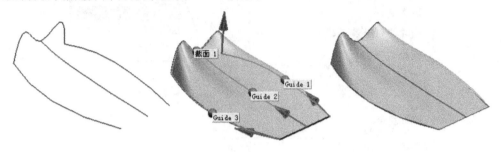

图 14-11 三条引导线示意图

2)截面线

截面线可以由单段或者多段曲线(各段曲线间不一定是相切连续,但必须连续)所组成,截面线串可以有 1～150 条。如果所有引导线都是封闭的,则可以重复选择第一组截面线串,以将它作为最后一组截面线串,图 14-12 所示。

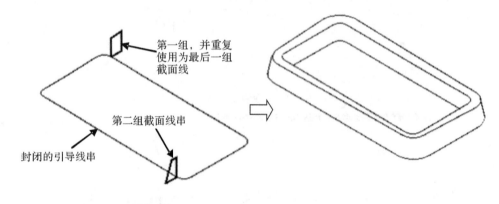

图 14-12 截面线示意图

如果选择两条以上截面线串,扫掠时需要指定插值方式(Interpolation Methods),插值方式用于确定两组截面线串之间扫描体的过渡形状。两种插值方式的差别如图 14-13 所示。

线性(Linear):在两组截面线之间线性过渡。

三次(Cubic):在两组截面线之间以三次函数形式过渡。

3)方向控制

在两条引导线或三条引导线的扫掠方式中,方位已完全确定,因此,方向控制只存在于单条引导线扫掠方式。关于方向控制的原理,扫掠工具中提供了 6 种方位控制方法。

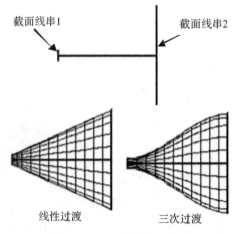

图 14-13 两种插值示意图

> 固定的(Fixed):扫掠过程中,局部坐标系各个坐标轴始终保持固定的方向,轮廓线在扫掠过程中也将始终保持固定的姿态。

> 面的法向(Faced Normals):局部坐标系的 Z 轴与引导线相切,局部坐标系的另一轴的方向与面的法向方向一致,当面的法向与 Z 轴方向不垂直时,以 Z 轴为主要参数,即在扫掠过程中 Z 轴始终与引导线相切。"面的法向"从本质上来说就是"矢量方向"方式。

> 矢量方向(Vector Direction):局部坐标系的 Z 轴与引导线相切,局部坐标系的另一轴指向所指定的矢量的方向。需注意的是此矢量不能与引导线相切,而且若所指定的方向与 Z 轴方向不垂直,则以 Z 轴方向为主,即 Z 轴始终与引导线相切。

> 另一曲线(Another Curve):相当于两条引导线的退化形式,只是第二条引导线不起控制比例的作用,而只起方位控制的作用:引导线与所指定的另一曲线对应点之间的连线控制截面线的方位。

> 一个点(A Point):与"另一曲线"相似,只是曲线退化为一点。这种方式下,局部坐标系的某一轴始终指向一点。

> 强制方向(Forced Direction):局部坐标系的 Z 轴与引导线相切,局部坐标系的另一轴始终指向所指定的矢量的方向。需注意的是此矢量不能与引导线相切,而且若所指定的方向与 Z 轴方向不垂直,则以所指定的方向为主,即 Z 轴与引导线并不始终相切。

4)比例控制

三条引导线方式中,方向与比例均已经确定;两条引导线方式中,方向与横向缩放比例已确定,所以两条引导线中比例控制只有两个选择:横向缩放(Lateral)方式及均匀缩放(Uniform)方式。因此,这里所说的比例控制只适用于单条引导线扫掠方式。单条引导线的比例控制有以下 6 种方式。

> 恒定(Constant):扫掠过程中,沿着引导线以同一个比例进行放大或缩小。

> 倒圆函数(Blending Function):此方式下,需先定义起始与终止位置处的缩放比例,中间的缩放比例按线性或三次函数关系来确定。

> 另一条曲线(Another Curve):与方位控制类似,设引导线起始点与"另一曲线"起始点处的长度为 a,引导线上任意一点与"另一曲线"对应点的长度为 b,则引导线上任意一点处的缩放比例为 b/a。

> 一个点(A Point):与"另一曲线"类似,只是曲线退化为一点。

> 面积规律(Area Law):指定截面(必须是封闭的)面积变化的规律。

> 周长规律(Perimeter Law):指定截面周长变化的规律。

5)脊线

使用脊线可控制截面线串的方位,并避免在导线上不均匀分布参数导致的变形。当脊线串处于截面线串的法向时,该线串状态最佳。在脊线的每个点上,系统构造垂直于脊线并与引导线串相交的剖切平面,将扫掠所依据的等参数曲线与这些平面对齐,如图 14-14所示。

4. 修剪和延伸

【修剪和延伸】是指使用由边或曲面组成的一组工具对象来延伸和修剪一个或多个曲面。单击【曲面】工具条的【修剪和延伸】命令,命令图标 ,弹出如图 14-15 所示的对话框。

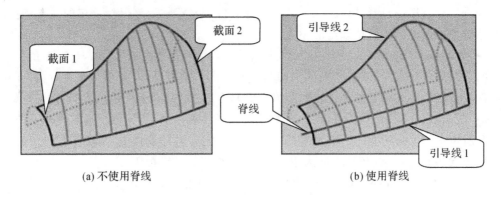

图 14-14 脊线使用是否使用示意图

图 14-15 修剪和延伸命令

对话框中包含了 4 种修剪和延伸类型：按距离、已测量百分比、直至选定对象和制作拐角。前面两种类型主要用于创建延伸曲面，后面两种类型主要用于修剪曲面。

➤ 按距离：按一定距离来创建与原曲面自然曲率连续、相切或镜像的延伸曲面。不会发生修剪。

➤ 已测量百分比：按新延伸面中所选边的长度百分比来控制延伸面。不会发生修剪。

➤ 直至选定对象：修剪曲面至选定的参照对象，如面或边等。应用此类型来修剪曲面，修剪边界无须超过目标体。

➤ 制作拐角:在目标和工具之间形成拐角。

5. 拔模

使用【拔模】命令可以将实体模型上的一张或多张面修改成带有一定倾角的面。拔模操作在模具设计中非常重要,若一个产品存在倒拔模的问题,则该模具将无法脱模。

单击【特征操作】工具条中的【拔模】命令,命令图标 ,弹出如图 14-16 所示的对话框。

图 14-16　拔模命令

共有四种拔模操作类型:【从平面】、【从边】、【与多个面相切】以及【至分型边】,其中前两种操作最为常用。

1)从平面

从固定平面开始,与拔模方向成一定的拔模角度,对指定的实体进行拔模操作,如图 14-17 所示。

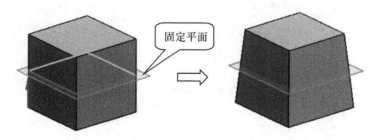

图 14-17　从平面拔模

所谓固定平面是指该处的尺寸不会改变。

2）从边

从一系列实体的边缘开始，与拔模方向成一定的拔模角度，对指定的实体进行拔模操作，如图 14-18 所示。

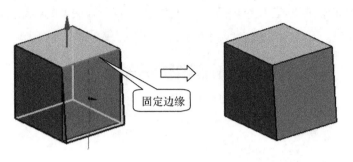

固定边缘

图 14-18　从边拔模

3）与多个面相切

与多个面相切：如果拔模操作需要在拔模操作后保持要拔模的面与邻近面相切，则可使用此类型。此处，固定边缘未被固定，而是移动的，以保持选定面之间的相切约束，选择相切面时一定要将拔模面和相切面一起选中，这样才能创建拔模特征。如图 14-19 所示。

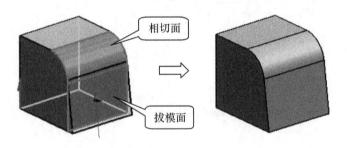

相切面

拔模面

图 14-19　与多个面相切拔模

4）至分型边

主要用于分型线在一张面内，对分型线的单边进行拔模，在创建拔模之前，必须通过"分割面"命令用分型线分割其所在的面。如图 14-20 所示。

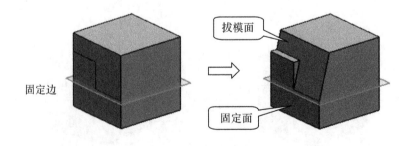

拔模面

固定边

固定面

图 14-20　按照分型边拔模

6. 缝合

使用【缝合】命令可以将两个或更多片体连结成一个片体。如果这组片体包围一定的体积,则创建一个实体。单击【特征】工具条中的【缝合】命令,命令图标 📖,弹出如图 14-21 所示的对话框。

7. 修剪片体

【修剪片体】是指利用曲线、边缘、曲面或基准平面去修剪片体的一部分。单击【曲面】工具条的【修剪片体】命令图标 🗋,弹出如图 14-22 所示的对话框。

图 14-21　缝合命令

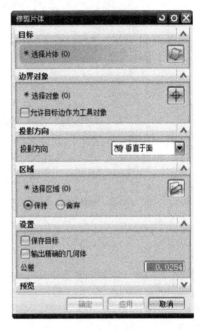

图 14-22　修剪片体

该对话框中各选项含义如所示。

➢ 目标:要修剪的片体对象。

➢ 边界对象:去修剪目标片体的工具如曲线、边缘、曲面或基准平面等。

➢ 投影方向:当边界对象远离目标片体时,可通过投影将边界对象(主要是曲线或边缘)投影在目标片体上,以进行投影。投影的方法有垂直于面、垂直于曲线平面和沿矢量。

➢ 区域:要保留或是要移除的那部分片体。

➢ 保持:选中此单选按钮,保留光标选择片体的部分。

➢ 舍弃:选中此单选按钮,移除光标选择片体的部分。

➢ 保存目标:修剪片体后仍保留原片体。

➢ 输出精确的几何体:选择此复选框,最终修剪后片体精度最高。

➢ 公差:修剪结果与理论结果之间的误差。

8. 投影曲线

【投影曲线】是指将曲线或点投影到曲面上,超出投影曲面的部分将被自动截取。单击【曲线】工具条上的【投影曲线】命令图标 🗲,即可弹出如图 14-23(a)所示的对话框。

要将曲线或点向曲面投影,除了需要指定被投影的曲线和曲面外,还要注意对投影方向的正确选择。投影方向可以是:沿面的法向、朝向点、朝向直线、沿矢量、与矢量所成的角度

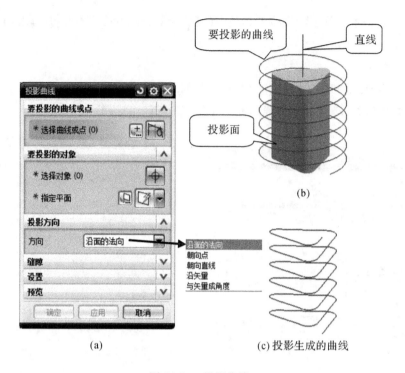

(a)   (c) 投影生成的曲线

图 14-23　投影曲线

和等圆弧长等。

➤ 沿面的法向(Along Face Normals)：将所选点或曲线沿着曲面或平面的法线方向投影到此曲面或平面上，如图 14-24 所示。

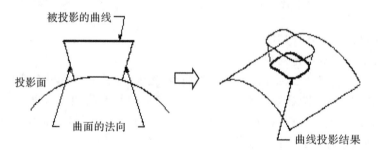

图 14-24　沿面的法向

➤ 朝向点(Toward a Point)：将所选点或曲线与指定点相连，与投影曲面的交线即为点或曲线在投影面上的投影，如图 14-25 所示。

➤ 朝向直线(Toward a line)：将所选点或曲线向指定线投影，在投影面上的交线即为投影曲线，投影曲面须处于被投影线与指定点之间，否则无法生成。如图 14-26 所示。

➤ 沿矢量(Along a Vector)：将所选的点或曲线沿指定的矢量方向投影到投影面上，如图 14-27 所示。

➤ 与矢量所成的角度(At Angle to Vector)：与【沿矢量】相似，除了指定一个矢量外，还需要设置一个角度，如图 14-27 所示。

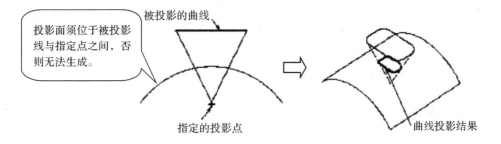

图 14-25　朝向点

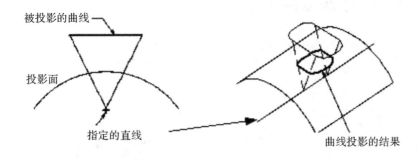

图 14-26　朝向直线

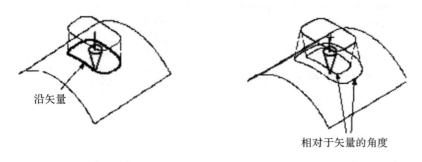

图 14-27　按矢量投影

9. 直纹

【直纹】(Ruled Surface)又称为规则面,可看作由一系列直线连接两组线串上的对应点而编织成的一张曲面。每组线串可以是单一的曲线,也可以由多条连续的曲线、体(实体或曲面)边界组成。因此,直纹面的建立应首先在两组线串上确定对应的点,然后用直线将对应点连接起来。对齐方式决定了两组线串上对应点的分布情况,因而直接影响直纹面的形状。

1)【直纹】工具提供了 6 种对齐方式。

➤ 参数对齐方式:在 UG NX 中,曲线是以参数方程来表述的。参数对齐方式下,对应点就是两条线串上的同一参数值所确定点。

➤ 等弧长对齐方式:两条线串都进行 n 等分,得到 n+1 个点,用直线连接对应点即可得到直纹面。n 的数值是系统根据公差值自动确定的。

➢ 根据点对齐方式:由用户直接在两线串上指定若干个对应的点作为强制对应点。

➢ 脊线对齐式、距离对齐方式及角度对齐方式:在脊线上悬挂一系列与脊线垂直的平面,这些平面与两线串相交就得到一系列对应点。距离对齐方式与角度对齐方式可看作是脊线对齐方式的特殊情况,距离对齐方式相当于以无限长的直线为脊线,角度对齐方式相当于以整圆为脊线。

2)案例说明创建直纹面。

➢ 单击【曲面】工具条上的【直纹】命令图标 ，弹出如图 14-28(a)所示的对话框。

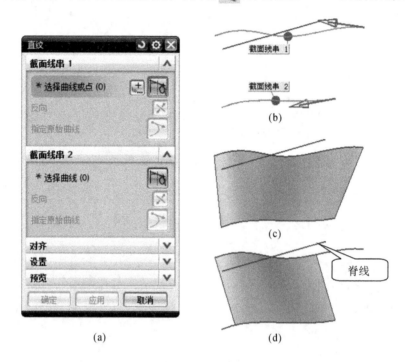

图 14-28   创建直纹面

➢ 指定两条线串:按所示选择线串。每条线串选择完毕都要按 MB2 确认,按下 MB2 后,相应的线串上会显示一个箭头,如图 14-28(b)所示。

➢ 指定对齐方式及其他参数:【对齐】下拉列表中选择【参数】,其余采用默认值,如图 14-28(a)所示。

➢ 单击【确定】按钮,结果如图 14-28(c)所示。

➢ 将【参数】对齐方式改为【脊线】对齐方式:双击步骤(4)所创建的直纹面,系统弹出【直纹面】对话框,将对齐方式改为【脊线】,并选择如图 14-28(d)所示的直线作为脊线,单击【确定】按钮即可创建脊线对齐方式下的直纹面,如图 14-28(d)所示。

3)对于大多数直纹面,应该选择每条截面线串相同端点,以便得到相同的方向,否则会得到一个形状扭曲的曲面,如图 14-29 所示。

10. 加厚

使用【加厚】命令可以通过为一组面增加厚度来创建实体。单击【特征】工具条上的【加厚】命令图标 ，即可弹出如图 14-30 所示的对话框。

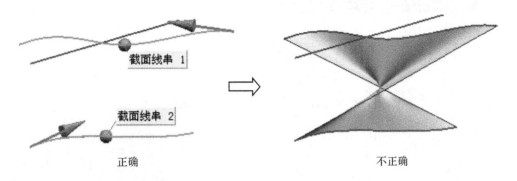

正确　　　　　　　　　　　　　　　不正确

图 14-29　不良直纹面

图 14-30　加厚命令

11. 修剪体

使用【修剪体】可以使用一个面或基准平面修剪一个或多个目标体。单击【特征操作】工具条上的【修剪体】命令图标　，弹出【修剪体】对话框，如图 14-31 所示。

当使用面修剪实体时，面的大小必须足以完全切过体，选择要保留的体的一部分，并且被修剪的体具有修剪几何体的形状。法矢的方向确定保留目标体的哪一部分。矢量指向远离保留的体的部分，如图 14-32 示。

12. 求差

通过【求差】命令，可以从目标体中减去刀具体的体积，即将目标体中与刀具体相交的部分去掉，从而生成一个新的实体，单击【特征操作】工具条上的【求差】命令图标　，弹出如图 14-33【求差】对话框。

图 14-31　修剪体命令

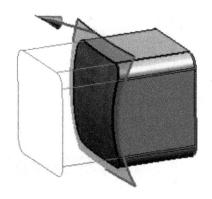

图 14-32　修剪体

图 14-33　求差命令

求差的时候，目标体与刀具体之间必须有公共的部分，体积不能为零。如图 14-34
所示。

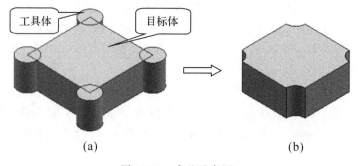

(a)　　　　　　　　　　　　　　　　　　　　　(b)

图 14-34　求差示意图

13．镜像体

使用【镜像体】命令可以把选中的体元素通过镜像面进行镜像。单击【特征】工具条上的【镜像体】命令，命令图标，弹出如图 14-35 所示的对话框。

14．偏置区域

通过【偏置区域】命令可以在单个步骤中偏置一组面或整个体，并重新生成相邻圆角。单击【同步建模】工具条上的【偏置区域】命令图标，弹出【偏置区域】对话框如图 14-36 所示。

图 14-35　镜像体命令

图 14-36　偏置区域命令

【偏置区域】在很多情况下和【特征操作】工具条中的【偏置面】效果相同，但碰到圆角时会有所不同，如图 14-37 所示。

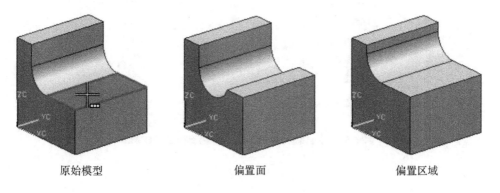

原始模型　　　　　　偏置面　　　　　　偏置区域

图 14-37　命令对比

15．边倒圆

通过【边倒圆】命令可以使至少由两个面共享的边缘变光顺。倒圆时就像沿着被倒圆角的边缘滚动一个球，同时使球始终与在此边缘处相交的各个面接触。倒圆球在面的内侧滚动会创建圆形边缘(去除材料),在面的外侧滚动会创建圆角边缘(添加材料),如图 14-38 所示。

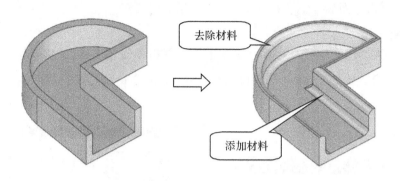

去除材料

添加材料

图 14-38 边倒圆示意图

单击【特征】工具条上的【边倒圆】命令图标 ，弹出如图 14-39 所示的对话框。该对话框中各选项含义如下所述。

图 14-39 边倒圆命令

1)要倒圆的边

此选项区主要用于倒圆边的选择与添加,以及倒角值的输入。若要对多条边进行不同圆角的倒角处理,则单击【添加新集】 按钮即可。列表框中列出了不同倒角的名称、值和表达式等信息,如图 14-40 所示。

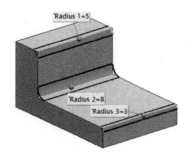

图 14-40　要倒圆的边项示意

2)可变半径点

通过向边倒圆添加半径值唯一的点来创建可变半径圆角,如图 14-41 所示。

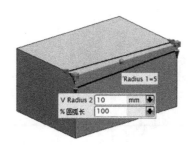

图 14-41　可变半径点项示意

3)拐角倒角

在三条线相交的拐角处进行拐角处理。选择三条边线后,切换至拐角栏,选择三条线的交点,即可进行拐角处理。可以改变三个位置的参数值来改变拐角的形状,如图 14-42 所示。

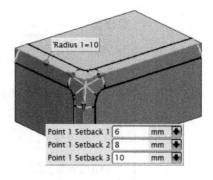

图 14-42　拐角倒角项示意

4)拐角突然停止

使某点处的边倒圆在边的末端突然停止,如图 14-43 所示。

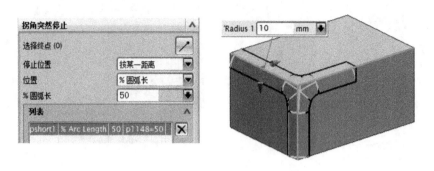

图 14-43　拐角突然停止项示意

5）修剪

可将边倒圆修剪至明确选定的面或平面，而不是依赖软件通常使用的默认修剪面，如图 14-44 所示。

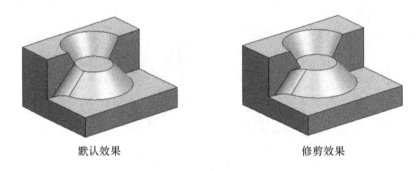

默认效果　　　　　　　　　　　　修剪效果

图 14-44　修剪项示意

6）溢出解

当圆角的相切边缘与该实体上的其他边缘相交时，就会发生圆角溢出。选择不同的溢出解，得到的效果会不一样，可以尝试组合使用这些选项来获得不同的结果。如图 14-45 所示为【溢出解】选项区。

图 14-45　溢出解项示意

➤ 在光顺边上滚动：允许圆角延伸到其遇到的光顺连接（相切）面上。如图 14-46 所示，①溢出现有圆角的边的新圆角；②选择时，在光顺边上滚动会在圆角相交处生成光顺的共享边；③未选择在光顺边上滚动时，结果为锐共享边。

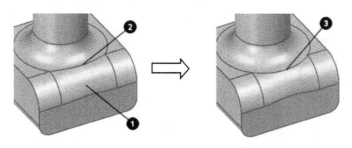

图 14-46　溢出解项示意一

➤ 在边上滚动（光顺或尖锐）：允许圆角在与定义面之一相切之前发生，并展开到任何边（无论光顺还是尖锐）上。如图 14-47 所示，①选择在边上滚动（光顺或尖锐）时，遇到的边不更改，而与该边所在面的相切会被超前；②未选择在边上滚动（光顺或尖锐）时，遇到的边发生更改，且保持与该边所属面的相切。

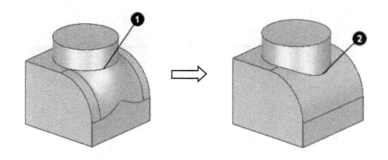

图 14-47　溢出解项示意二

➤ 保持圆角并移动锐边：允许圆角保持与定义面的相切，并将任何遇到的面移动到圆角面。如图 14-48 所示，①选择在锐边上保持圆角选项的情况下预览边倒圆过程中遇到的边；②生成的边倒圆显示保持了圆角相切。

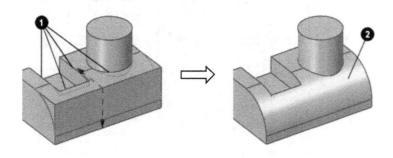

图 14-48　溢出解项示意三

7）设置：选项区主要是控制输出操作的结果。

➢ 凸/凹 Y 处的特殊圆角：使用该复选框，允许对某些情况选择两种 Y 型圆角之一，如图 14-49 所示。

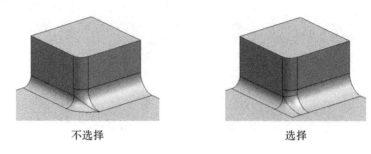

不选择   选择

图 14-49 Y 型圆角示意

➢ 移除自相交：在一个圆角特征内部如果产生自相交，可以使用该选项消除自相交的情况，增加圆角特征创建的成功率。

➢ 拐角回切：在产生拐角特征时，可以对拐角的样子进行改变，如图 14-50 所示。

从拐角分离   带拐角包含

图 14-50 拐角回切示意

16. 拉伸

使用【拉伸】命令可以沿指定方向扫掠曲线、边、面、草图或曲线特征的 2D 或 3D 部分一段直线距离，由此来创建体如图 14-30 所示。拉伸过程中需要指定截面线、拉伸方向、拉伸距离。

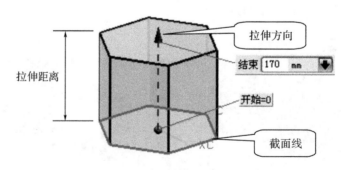

图 14-51 拉伸示意图

单击【特征】工具条上的【拉伸】命令,图标 ,弹出如图 14-52 所示的对话框。该对话框中各选项含义如下所述。

1)截面:指定要拉伸的曲线或边。

➢ 绘制截面 :单击此图标,系统打开草图生成器,在其中可以创建一个处于特征内部的截面草图。在退出草图生成器时,草图被自动选作要拉伸的截面。

➢ 选择曲线 :选择曲线、草图或面的边缘进行拉伸。系统默认选中该图标。在选择截面时,注意配合【选择意图工具条】使用。

2)方向:指定要拉伸截面曲线的方向。

➢ 默认方向为选定截面曲线的法向,也可以通过【矢量对话框】和【自动判断的矢量】类型列表中的方法构造矢量。

➢ 单击反向 按钮或直接双击在矢量方向箭头,可以改变拉伸方向。

3)极限:定义拉伸特征的整体构造方法和拉伸范围。

➢ 值:指定拉伸起始或结束的值。

➢ 对称值:开始的限制距离与结束的限制距离相同。

➢ 直至下一个:将拉伸特征沿路径延伸到下一个实体表面,如图 14-53(a)所示。

➢ 直至选定对象:将拉伸特征延伸到选择的面、基准平面或体,如图 14-53(b)所示。

➢ 直至延伸部分:截面在拉伸方向超出被选择对象时,将其拉伸到被选择对象延伸位置为止,如图 14-53(c)所示。

➢ 贯通:沿指定方向的路径延伸拉伸特征,使其完全贯通所有的可选体,如图 14-53(d)所示。

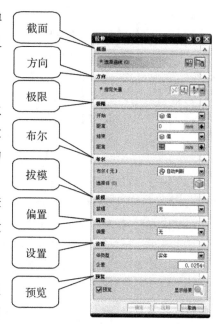

图 14-52 拉伸命令对话框

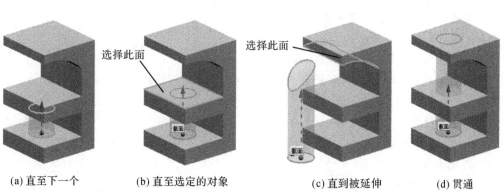

(a) 直至下一个　　(b) 直至选定的对象　　(c) 直到被延伸　　(d) 贯通

图 14-53　极限项实现方式

4）布尔

在创建拉伸特征时,还可以与存在的实体进行布尔运算。

注意,如果当前界面只存在一个实体,选择布尔运算时,自动选中实体;如果存在多个实体,则需要选择进行布尔运算的实体。

5）拔模:在拉伸时,为了方便出模,通常会对拉伸体设置拔模角度,共有 6 种拔模方式。

➤ 无:不创建任何拔模。

➤ 从起始限制:从拉伸开始位置进行拔模,开始位置与截面形状一样,如图 14-54(a)所示。

➤ 从截面:从截面开始位置进行拔模,截面形状保持不变,开始和结束位置进行变化,如图 14-54(b)所示。

➤ 从截面-非对称角:截面形状不变,起始和结束位置分别进行不同的拔模,两边拔模角可以设置不同角度,如图 14-54(c)所示。

➤ 从截面-对称角:截面形状不变,起始和结束位置进行相同的拔模,两边拔模角度相同,如图 14-54(d)所示。

➤ 从截面匹配的终止处:截面两端分别进行拔模,拔模角度不一样,起始端和结束端的形状相同,如图 14-54(e)所示。

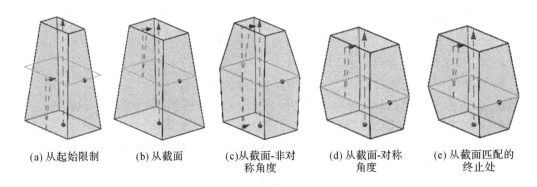

(a) 从起始限制　　(b) 从截面　　(c)从截面-非对　　(d) 从截面-对称　　(e) 从截面匹配的
　　　　　　　　　　　　　　　　　　称角度　　　　　　角度　　　　　　 终止处

图 14-54　拔模项实现方式

6）偏置:用于设置拉伸对象在垂直于拉伸方向上的延伸,共有 4 种方式。

➤ 无:不创建任何偏置。

➤ 单侧:向拉伸添加单侧偏置,如图 14-55(a)所示。

➤ 两侧:向拉伸添加具有起始和终止值的偏置,如图 14-55(b)所示。

➤ 对称:向拉伸添加具有完全相等的起始和终止值(从截面相对的两侧测量)的偏置,如图 14-55(c)所示。

7）设置:用于设置拉伸特征为片体或实体。要获得实体,截面曲线必须为封闭曲线或带有偏置的非闭合曲线。

8）预览:用于观察设置参数后的变化情况。

17. 求和

使用【求和】命令,命令图标，可以将两个或多个工具实体的体积组合为一个目标

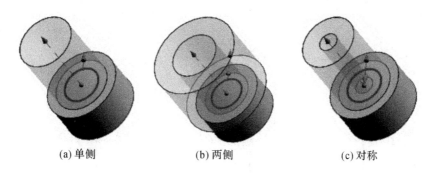

(a) 单侧　　　　　　　　(b) 两侧　　　　　　　　(c) 对称

图 14-55　偏置项实现方式

体。下面案例给大家做个演示，把 4 个圆柱体和长方体进行求和，如图 14-56 所示：

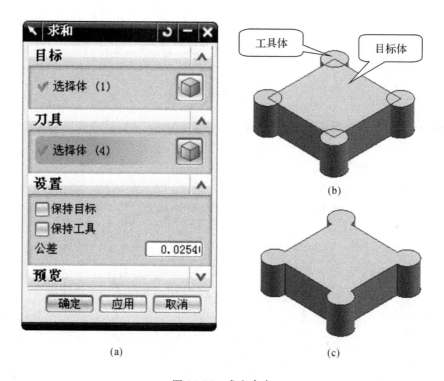

图 14-56　求和命令

14.3　实施过程

1. 在 XC-YC 平面上创建草图一，如图 14-57 所示。（需注意草图的坐标方向，下同）

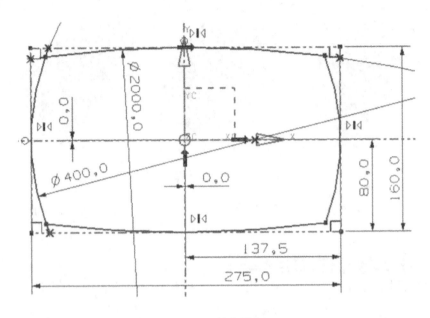

图 14-57 创建基准一

2. 在 YC-ZC 平面上创建草图二,如图 14-58 所示。

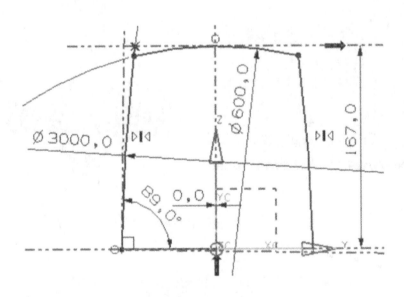

图 14-58 创建草图二

3. 在 XC-ZC 平面上创建草图三,如图 14-59 所示。

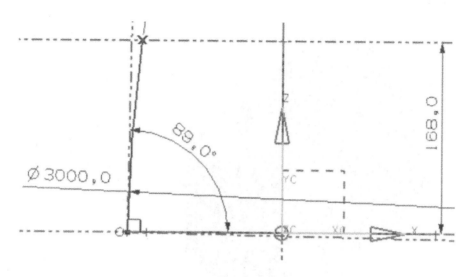

图 14-59　创建草图三

4. 使用【扫掠】命令，根据草图一和草图二内的曲线制作片体，如图 14-60 所示，其中截面线为草图二内的曲线，引导线为草图一内的曲线。

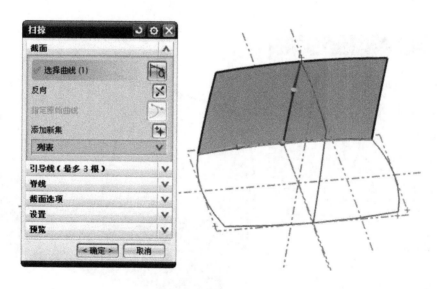

图 14-60　扫掠曲面

5. 同样使用【扫掠】命令,创建另外几个侧面,其中一个片体利用【镜像体】命令创建,如图 14-61 所示。

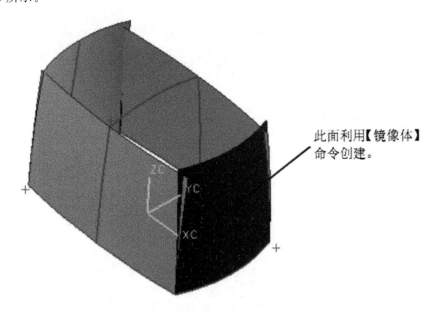

此面利用【镜像体】
命令创建。

图 14-61 创建侧面

6. 创建顶部曲面,如图 14-62 所示,其中两根引导线分别为步骤 4、5 所创建的曲面的边界线。

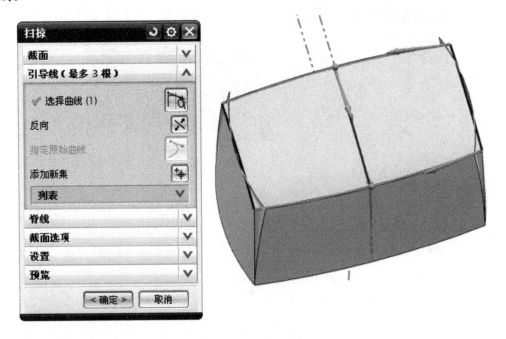

图 14-62 创建顶面

7. 使用【面倒圆】命令, 对侧面进行倒圆, 如图 14-63(a) 所示, 对其余侧面进行同样的操作, 圆角大小均为 R40, 侧面倒圆角后如图 14-63(b) 所示。

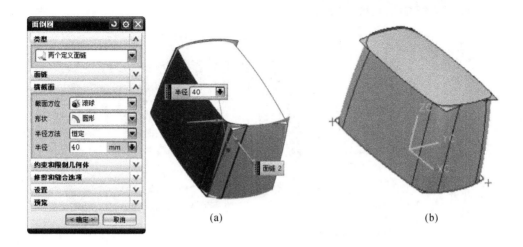

图 14-63　侧面倒圆角

8. 在顶面和侧面之间倒圆角, 如图 14-64 所示。

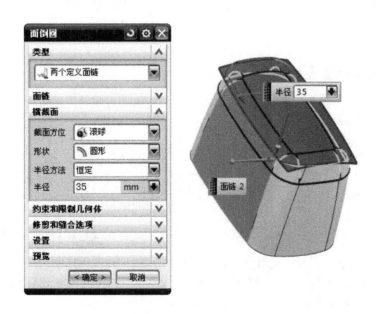

图 14-64　顶面和侧面倒圆角

9. 使用【加厚】命令,将步骤 8 产生的片体加厚成实体,如图 14-65 所示。

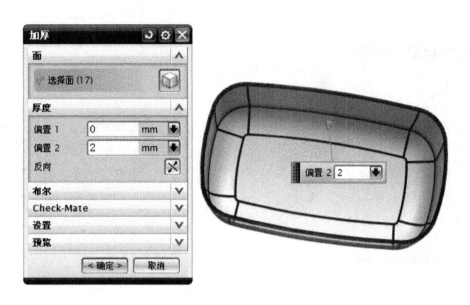

图 14-65　加厚

10. 由于曲面有一定的倾斜度,所以需将加厚出的实体的根部整平以得到零件的主体,使其变为一个平面,操作方法如图 14-66 所示。其中用于修剪体的平面为 XC-YC 平面。

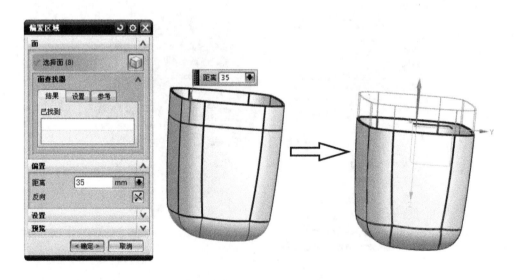

图 14-66　偏置修剪体

11. 创建一个平行 XC-YC 平面且与 XC-YC 平面距离为 159.9 的平面,如图 14-67 所示。

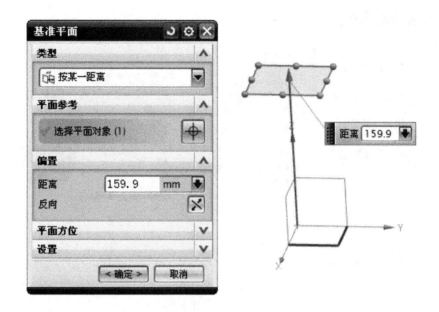

图 14-67　创建基准平面

12. 在步骤 11 所创建的基准平面上创建一个草图,如图 14-68 所示。

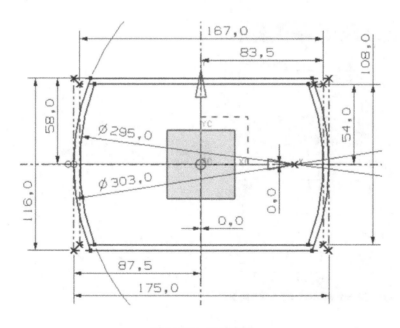

图 14-68　创建草图

13. 使用【拉伸】命令,利用步骤 12 所创建草图的外圈曲线拉伸一个实体,如图 14-69 (a)所示,利用拉伸出的实体外表面与零件的主体外表面求交线,如图 14-69(b)所示。

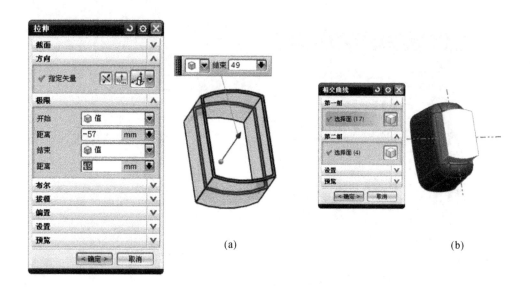

图 14-69　拉伸实体和求交线

14. 创建一个平行于 XC-YC 平面且与 XC-YC 平面距离为 159.9 的平面,如图 14-70 所示。

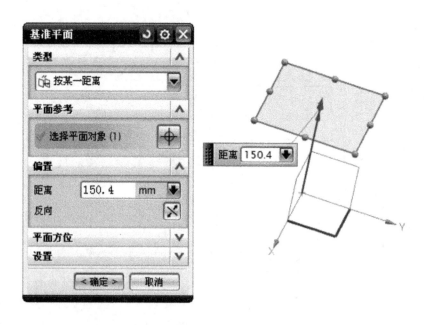

图 14-70　创建平面

15. 使用【投影曲线】命令,将步骤 12 所创建草图的内圈曲线的两条直边进行投影,如图 14-71 所示。

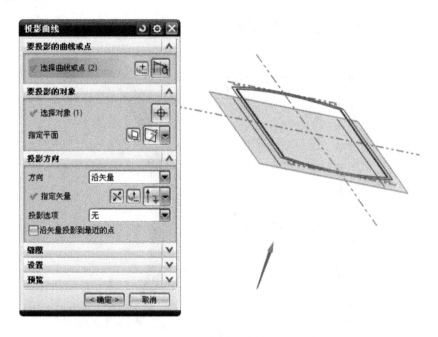

图 14-71　创建投影曲线

16. 使用【直纹】命令,利用步骤 13 创建的交线和步骤 15 创建的投影曲线创建一个直纹面,如图 14-72 所示。此面共有两个,另一个与其对称。

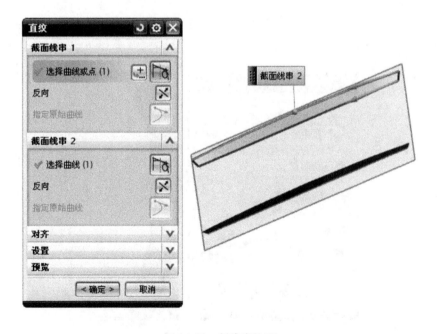

图 14-72　创建直纹面

17. 使用【扫掠】命令,以步骤 13 创建的交线为截面,步骤 16 创建的曲面的边为引导线创建扫掠曲面,如图 14-73 所示。

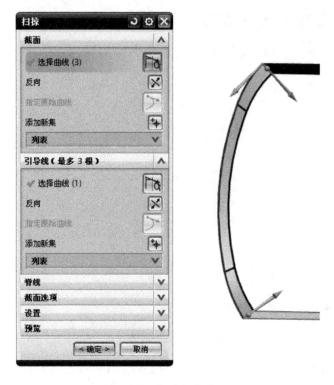

图 14-73 创建扫掠曲面

18. 使用【修剪和延伸】命令,将步骤 17 所创建的曲面延伸一定的距离,这主要是为了后续的修剪,如图 14-74 所示。

图 14-74 延伸曲面

19. 使用【拉伸】命令,利用步骤 12 所创建草图的内圈圆弧拉伸一个曲面,如图 14-75 所示。

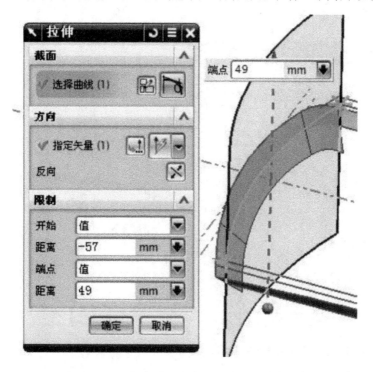

图 14-75　拉伸曲面

20. 使用【修剪片体】命令,利用步骤 19 拉伸出来的片体对步骤 18 创建的曲面进行修剪,如图 14-76 所示。

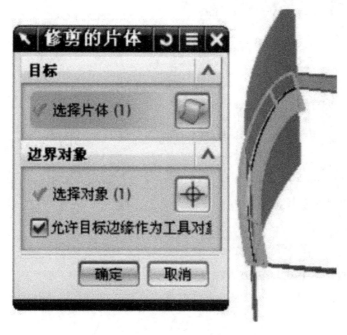

图 14-76　裁剪片体

21. 使用【镜像体】命令，将步骤 20 创建的曲面镜像到另一侧生成另一侧面，如图 14-77 所示，镜像平面为 YC-ZC 平面。

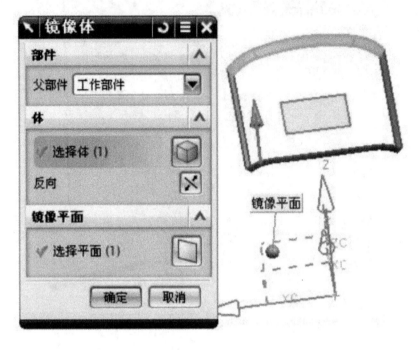

图 14-77 镜像曲面

22. 使用【缝合】命令，将上面所创建的 4 个小侧面缝合为一个片体，如图 14-78 所示。

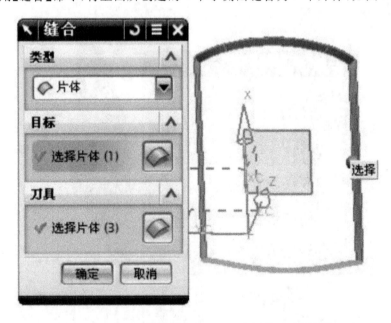

图 14-78 缝合片体

23. 使用【修剪体】命令，利用步骤 22 创建的片体对零件主体进行修剪，如图 14-79 所示。

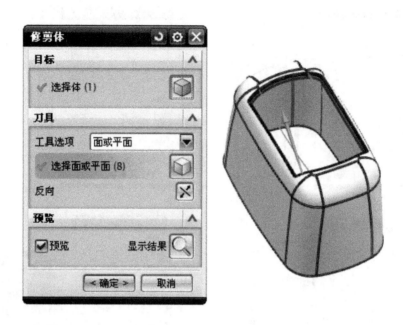

图 14-79　修剪零件主体

24. 使用【加厚】命令，将步骤 22 缝合的片体加厚为实体，如图 14-80 所示。

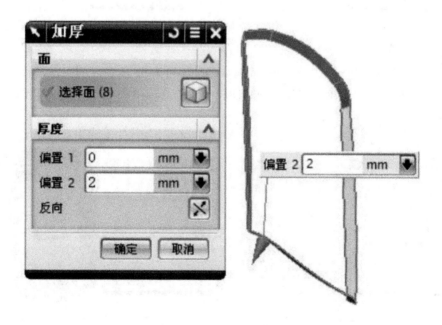

图 14-80　加厚实体

25. 使用【拉伸】命令,创建三个片体然后缝合,用于修剪步骤 24 增厚出的实体,创建方式如图 14-81(a)(b)(c)(d)所示。

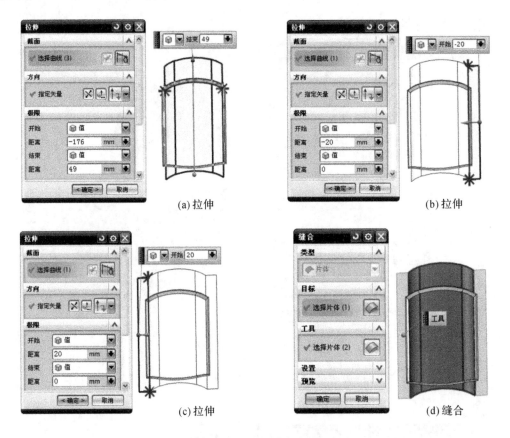

(a)拉伸

(b)拉伸

(c)拉伸

(d)缝合

图 14-81　拉伸缝合片体

26. 使用【修剪体】命令,利用步骤 25 缝合的片体对步骤 24 创建的实体进行修剪,如图 14-82 所示,此操作主要作用是使加厚的实体底部平整,然后利用零件本体的内表面将此实体的顶部切除。

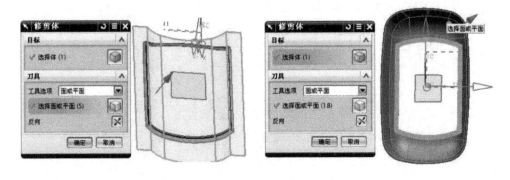

图 14-82　修剪体

27. 使用【求和】命令,将步骤 26 所创建的实体与零件本体进行求和,如图 14-83 所示。

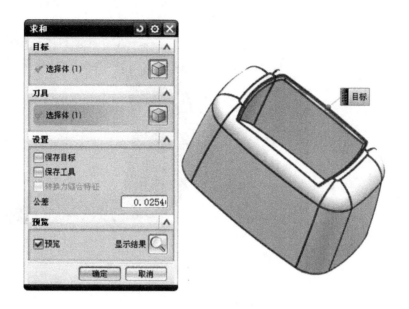

图 14-83　求和

28. 创建一个平行于 XC-YC 平面且与 XC-YC 平面距离为 66 的平面,如图 14-84 所示。

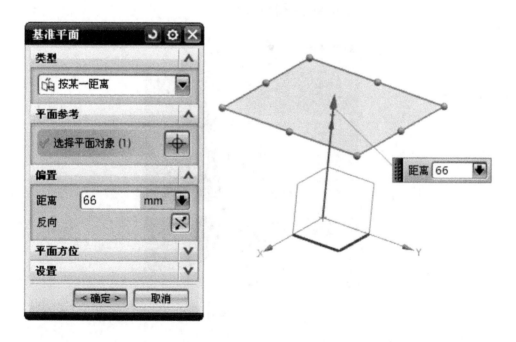

图 14-84　创建基准平面

29. 使用【草图】命令，在步骤 28 所创建的基准平面上创建一个草图，如图 14-85 所示。

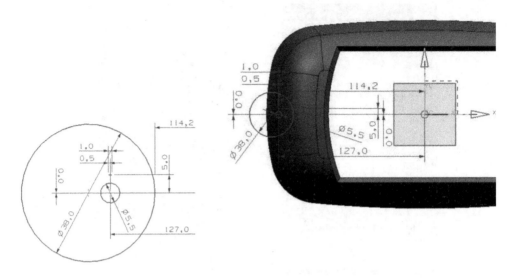

图 14-85　创建草图

30. 使用【拉伸】命令，利用步骤 29 所创建的草图的大圆拉伸一个实体，如图 14-86 所示。

图 14-86　拉伸实体

31. 使用【加厚】命令,利用步骤 30 所创建的实体表面增厚一个壳体,如图 14-87 所示。

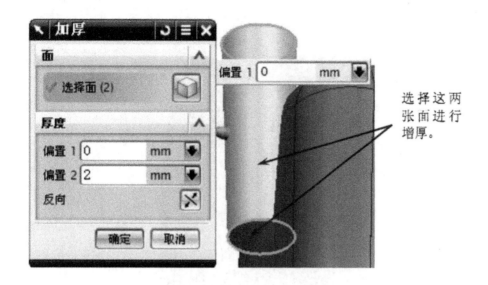

图 14-87　加厚实体

32. 使用【修剪体】命令,利用零件本体外表面对步骤 31 所创建的实体进行修剪,如图 14-88 所示。

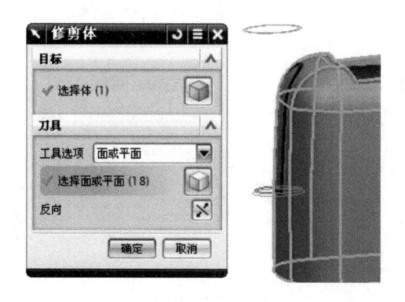

图 14-88　修剪实体

33. 使用【求差】和【求和】命令,利用步骤 30 所创建的实体对零件本体进行【求差】操作,并将步骤 32 所创建的实体与零件本体进行【求和】操作,如图 14-89 所示。

图 14-89　零件局部效果

34. 使用【边倒圆】命令,对步骤 33 所做的凹槽的内外侧进行倒圆角,如图 14-90 所示。

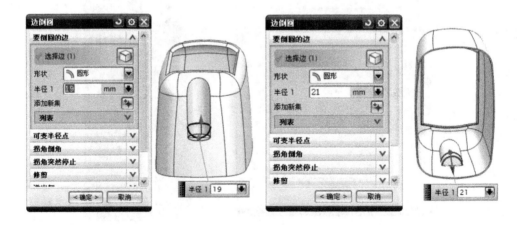

图 14-90　内外倒圆角

35. 使用【草图】命令，在 YC-ZC 平面上创建一个草图，如图 14-91 所示。

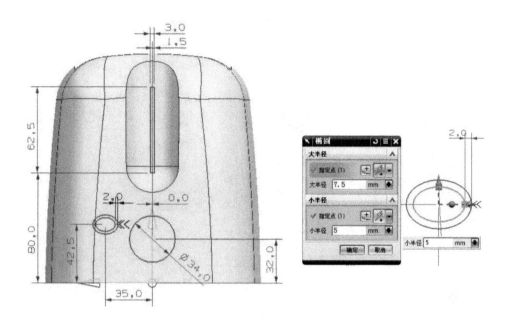

图 14-91　创建草图

36. 使用【拉伸】命令，利用步骤 35 所创建的草图曲线对零件本体进行一些创建凸台和通孔的操作，如图 14-92 所示。

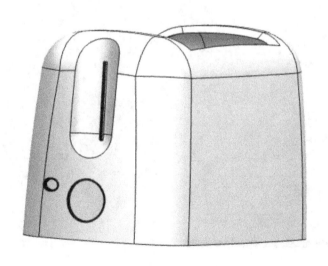

图 14-92　拉伸裁剪示意

37. 使用【拉伸】命令,利用步骤 29 所创建的草图中的小圆和短线来创建凹槽内的安装凸台和孔位,如图 14-93 所示。

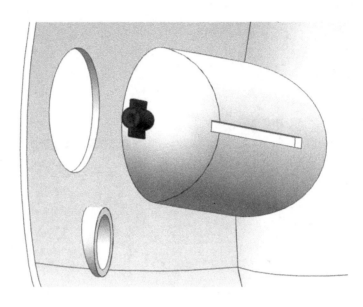

图 14-93　创建凸台及打孔

38. 使用【拔模】命令,对安装凸台的加强筋进行拔模,如图 14-94 所示。

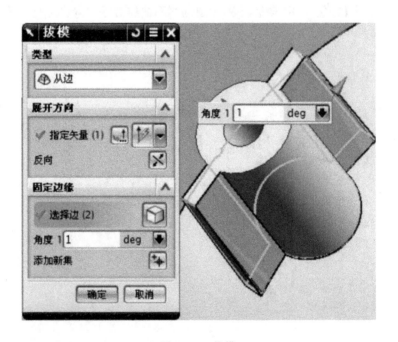

图 14-94　拔模

39. 使用【草图】命令,在 XC-YC 平面上创建草图,如图 14-95 所示。

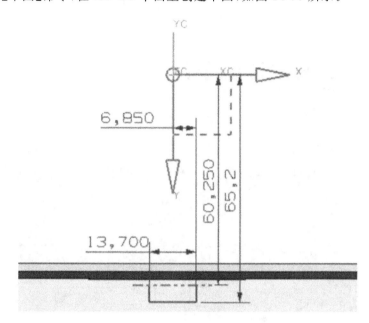

图 14-95　创建草图

40. 使用【拉伸】命令,利用步骤 39 所创建的草图拉伸一个实体,如图 14-96 所示。

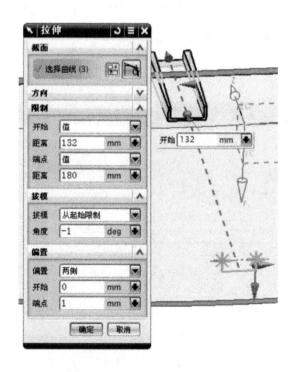

图 14-96　拉伸实体

41. 使用【拔模】命令,将步骤 40 所拉伸出的实体的直面进行拔模,如图 14-97 所示。

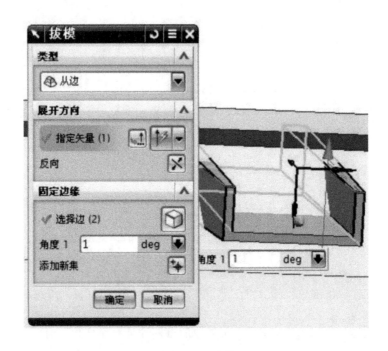

图 14-97　拔模

42. 使用【拉伸】命令,创建加强筋,如图 14-98 所示。

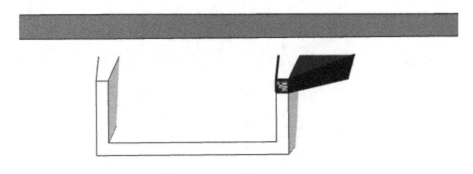

图 14-98　创建加强筋

43. 使用【镜像体】命令，将步骤 42 所创建的筋板镜像到另一侧并进行求和，选 YC-ZC 平面为镜像面，如图 14-99 所示。

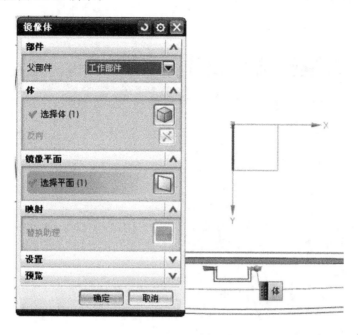

图 14-99　镜像加强筋

44. 使用【修剪体】命令，利用零件本体的内表面修剪步骤 43 所创建的实体，如图 14-100 所示。

图 14-100　修剪体

45. 使用【镜像体】命令,通过 XC-ZC 平面将步骤 44 创建的实体镜像到另一侧,并将镜像得到的体和原来的体都与零件本体进行求和,如图 14-101 所示。

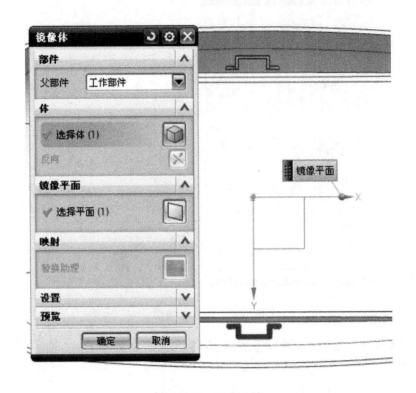

图 14-101　镜像实体

46. 使用【草图】命令,在 YC-ZC 平面上创建草图,如图 14-102 所示。

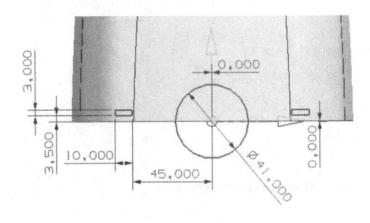

图 14-102　创建草图

47. 使用【拉伸】命令,利用步骤 46 所创建的草图进行拉伸,在零件本体上创建相应的孔,如图 14-103 所示。

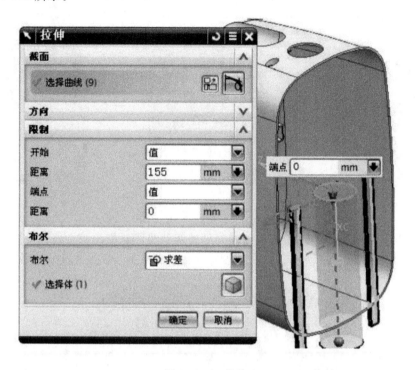

图 14-103　拉伸

48. 使用【草图】命令,在 XC-YC 平面上创建草图,注意线段位置要准确,长度要适当,如图 14-104 所示。

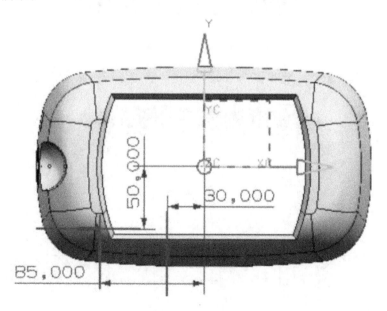

图 14-104　创建草图

49. 使用【拉伸】和【修剪体】命令创建筋板,利用步骤 48 所创建的草图上的线段拉伸一个实体,并利用与 YC-ZC 平面距离为 124 的平面以及零件的内表面对其进行修剪,如图 14-105 所示。

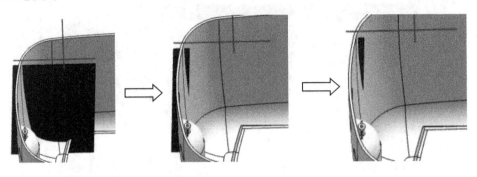

图 14-105　拉伸裁剪筋板

50. 重复步骤 49,利用步骤 48 所创建的另外两条线段对应的两个筋板。拉伸参数与步骤 49 一致,修剪所用的基准平面与 XC-ZC 的距离分别为 70 和 73.5,如图 14-106 所示。

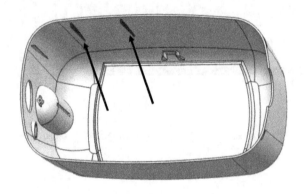

图 14-106　制作筋板

51. 使用【镜像体】命令,将步骤 49、50 所创建的筋板进行镜像,如图 14-107 所示。

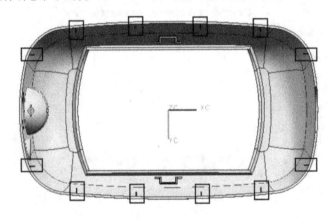

图 14-107　镜像筋板

52. 使用【草图】命令,在 XC-YC 平面上创建草图,如图 14-108 所示。

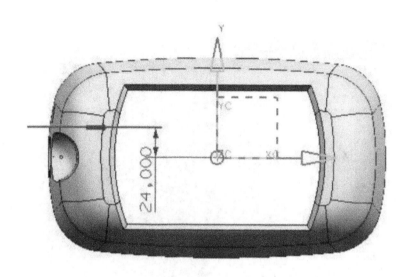

图 14-108　创建草图

53. 使用【拉伸】命令,利用步骤 52 所创建的曲线进行拉伸,并效仿步骤 49 对此筋板进行修剪如图 14-109 所示。

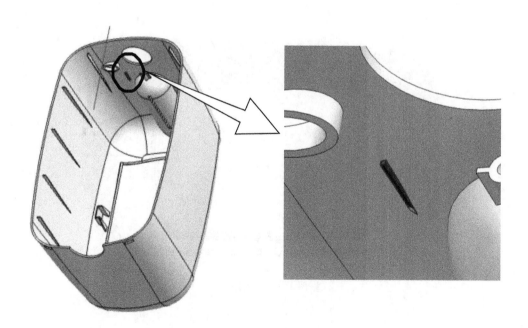

图 14-109　创建筋板

54. 将步骤 53 所创建的筋板通过 XC-ZC 平面镜像到另一侧,并将步骤 48 至步骤 53 所创建的筋板与零件本体进行求和,如图 14-110 所示。

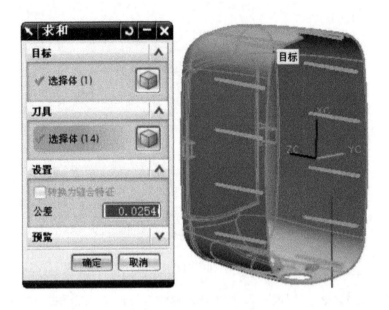

图 14-110　求和

55. 使用【边倒圆】命令,对零件主体进行圆角处理,如图 14-111 所示。

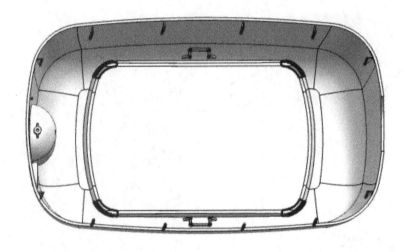

图 14-111　倒圆角

56. 最终模型,如图 14-112 所示。

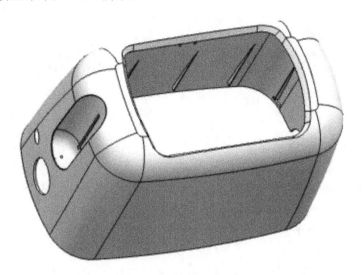

图 14-112　最终模型

14.4　总　结

便携式吸尘器外壳零件建模实例比较复杂,包含了大量不同位置的草图绘制,各种对片体的制作和编辑,同时还有大量的筋板制作。通过本案例的学习,可以熟练掌握筋板制作的方法和技巧,并对复杂零件建模的方式方法得到更深一步的了解。

配套教学资源与服务

一、教学资源简介

本教材通过 www.51cax.com 网站配套提供两种配套教学资源：

■ 新型立体教学资源库：立体词典。**"立体"**是指资源多样性，包括视频、电子教材、PPT、练习库、试题库、教学计划、资源库管理软件等等。"词典"则是指资源管理方式，即将一个个知识点（好比词典中的单词）作为独立单元来存放教学资源，以方便教师灵活组合出各种个性化的教学资源。

■ 网上试题库及组卷系统。教师可灵活地设定题型、题量、难度、知识点等条件，由系统自动生成符合要求的试卷及配套答案，并自动排版、打包、下载，大大提升了组卷的效率、灵活性和方便性。

二、如何获得立体词典？

立体词典安装包中有：1）立体资源库。2）资源库管理软件。3）海海全能播放器。

■ 院校用户（任课教师）

请直接致电索取立体词典（教师版）、51cax 网站教师专用账号、密码。其中部分视频已加密，需要通过海海全能播放器播放，并使用教师专用账号、密码解密。

■ 普通用户（含学生）

可通过以下步骤获得立体词典（学习版）：在 www.51cax.com 网站"请输入序列号"文本框中输入教材封底提供的序列号，单击"兑换"按钮，即可进入下载页面；2）下载本教材配套的立体词典压缩包，解压缩并双击 Setup.exe 安装。

四、教师如何使用网上试题库及组卷系统？

网上试题库及组卷系统仅供采用本教材授课的教师使用，步骤如下：

1）利用教师专用账号、密码（可来电索取）登录 51CAX 网站 http://www.51cax.com；2）单击"进入组卷系统"键，即可进入"组卷系统"进行组卷。

五、我们的服务

提供优质教学资源库、教学软件及教材的开发服务，热忱欢迎院校教师、出版社前来洽谈合作。

电话：0571—28811226,28852522

邮箱：market01@sunnytech.cn , book@51cax.com

机械精品课程系列教材

序号	教材名称	第一作者	所属系列
1	AUTOCAD 2010 立体词典:机械制图(第二版)	吴立军	机械工程系列规划教材
2	UG NX 6.0 立体词典:产品建模(第二版)	单岩	机械工程系列规划教材
3	UG NX 6.0 立体词典:数控编程(第二版)	王卫兵	机械工程系列规划教材
4	立体词典:UGNX6.0注塑模具设计	吴中林	机械工程系列规划教材
5	UG NX 8.0 产品设计基础	金杰	机械工程系列规划教材
6	CAD 技术基础与 UG NX 6.0 实践	甘树坤	机械工程系列规划教材
7	ProE Wildfire 5.0 立体词典:产品建模(第二版)	门茂琛	机械工程系列规划教材
8	机械制图	邹凤楼	机械工程系列规划教材
9	冷冲模设计与制造(第二版)	丁友生	机械工程系列规划教材
10	机械综合实训教程	陈强	机械工程系列规划教材
11	数控车加工与项目实践	王新国	机械工程系列规划教材
12	数控加工技术及工艺	纪东伟	机械工程系列规划教材
13	数控铣床综合实训教程	林峰	机械工程系列规划教材
14	机械制造基础—公差配合与工程材料	黄丽娟	机械工程系列规划教材
15	机械检测技术与实训教程	罗晓晔	机械工程系列规划教材
16	机械 CAD(第二版)	戴乃昌	浙江省重点教材
17	机械制造基础(及金工实习)	陈长生	浙江省重点教材
18	机械制图	吴百中	浙江省重点教材
19	机械检测技术(第二版)	罗晓晔	"十二五"职业教育国家规划教材
20	逆向工程项目实践	潘常春	"十二五"职业教育国家规划教材
21	机械专业英语	陈加明	"十二五"职业教育国家规划教材
22	UGNX 产品建模项目实践	吴立军	"十二五"职业教育国家规划教材
23	模具拆装及成型实训	单岩	"十二五"职业教育国家规划教材
24	MoldFlow 塑料模具分析及项目实践	郑道友	"十二五"职业教育国家规划教材
25	冷冲模具设计与项目实践	丁友生	"十二五"职业教育国家规划教材
26	塑料模设计基础及项目实践	褚建忠	"十二五"职业教育国家规划教材
27	机械设计基础	李银海	"十二五"职业教育国家规划教材
28	过程控制及仪表	金文兵	"十二五"职业教育国家规划教材